农民培训精品系列教材

农业政策法规汇编

刘 健 瞿伟江 余晓雅◎主编

中国农业科学技术出版社

图书在版编目(CIP)数据

农业政策法规汇编 / 刘健，瞿伟江，余晓雅主编. --北京：中国农业科学技术出版社，2024.3

ISBN 978-7-5116-6753-3

Ⅰ.①农… Ⅱ.①刘… ②瞿… ③余… Ⅲ.①农业法-汇编-中国②农业政策-汇编-中国 Ⅳ.①D922.49②F320

中国国家版本馆 CIP 数据核字(2024)第 070576 号

责任编辑 张 羽 张国锋
责任校对 王 彦
责任印制 姜义伟 王思文

出 版 者 中国农业科学技术出版社
北京市中关村南大街 12 号 邮编：100081
电 话 (010) 82109705 (编辑室) (010) 82106624 (发行部)
(010) 82109709 (读者服务部)
网 址 https://castp.caas.cn
经 销 者 各地新华书店
印 刷 者 北京富泰印刷有限责任公司
开 本 145 mm×210 mm 1/32
印 张 5.875
字 数 176 千字
版 次 2024 年 3 月第 1 版 2024 年 3 月第 1 次印刷
定 价 45.00 元

《农业政策法规汇编》

编写人员

主　编　刘　健　瞿伟江　佘晓雅

副主编　萨亚提·吐尔逊　王　静　阿迪江·牙生

马中英　高丽萍　孙乃利　王智远

祝应根　黄　胜　邓丽霞　涂红燕

周　赟　崔文华　何建龙　阿依古丽·吾斯曼

阿卜来提·图苏托合提　万尹妍

宁新娇　何慧茹　杨如箴　孙晓山

陈　洁　张　卓　陶泽勤　江平静

陈　茹

编　委　马建奎　白　静　万立海　汪其格

前　　言

政策是发展的助推器。改革开放四十多年来，我国农业农村政策与时俱进，不断回应实践提出的新任务、新要求，不断引领实践取得新进展、新成效。农业农村发展取得的辉煌成就，与农业农村政策体系的不断完善是分不开的。特别是以习近平同志为核心的党中央始终把解决好“三农”问题作为全党工作的重中之重，全方位加大对农业农村发展的支持力度，全面推进乡村振兴的“四梁八柱”初步构建，农业农村政策的系统性、整体性、协同性显著增强。在强农、惠农、富农政策的有力支持下，粮食生产稳定发展，农业供给侧结构性改革扎实推进，人类历史上规模最大的脱贫攻坚战取得全面胜利，农村生产、生活条件显著改善，农业农村发展取得历史性成就、发生历史性变革，为党和国家事业全面开创新局面提供了重要支撑。

为鼓励农业的发展、调整农业经济关系、保护农民利益，保障农业持续、稳定、协调发展，国家制定了相应的农业政策和法律法规。本书依据最新的、最权威的政策法律文件，在介绍了乡村振兴政策的同时从农村土地管理、农业基本经营制度、农产品质量安全、农产品市场与流通、农村人力资源、农村财政金融与税收、农村科技与创新创业、公共服务一体化、农村自然资源保护等方面，介绍了农民朋友生产生活实际中最可能遇到的政策法规。本书内容全面、语言简单，具有较强的学习性、实用性和指导性，非常适合向广大农民朋友普及政策知识。

编　者

目　　录

第一章　乡村振兴政策

第一节　乡村振兴政策提出背景

一、“三农”短板突出

农业问题的特殊性在于其不单单属于经济范畴，同时也会引发一系列社会问题和政治问题，越来越多的学者对农业问题给予了高度关注。具体来看，“三农”短板突出体现在以下几个方面。第一，“农业边缘化”问题。在国民经济体系建设过程中，与第二产业、第三产业相比，农业在工业化和城市化中的作用相对较小，地位相对较低。农业产值增加速度远不及第二产业和第三产业。第二，农民兼业化现象已成常态，土地未转让亦未打理，越来越多的农村土地被搁置并“抛荒”。当前，城市化进程加快，大量农村青年劳动力离开农村到城市工作，许多农村青年甚至完全放弃了务农，农民兼业已成为大多数农民的选择。与第二产业和第三产业相比，农业的稳定性低，投入成本较大，收入相对较低，农业特殊性使得许多农民在现代化进程中由土地粗放经营转为直接“抛荒”土地。第三，农业生产过度追求数量，任由土地变贫瘠，造成环境极大地破坏。在农业生产中，使用大量的化肥、农药，一味追求产量，如今造成严重的土地破坏和环境污染。第四，农业基础设施薄弱。边远地区的农业基础设施建设仍然滞后，农业仍处于简单生产状态，存在很大的脆弱性，这导致农民收入保障存在不确定性，不仅落后于农业现代化的发展步伐，还造成农业产出低、效率低、潜力小等问题。

农村问题已演变成为经济发展滞后与生态环境恶化的突出问题，生态环境被破坏无疑是当下农村问题中最为棘手的一环。第一，农村产业发展滞后。从农村的产业结构来看，我国农村第一产业的主要问题是生产效率不高，尤其是贫困地区，仍在使用传统落后的生产方式，农村第二产业的生产工艺落后，农村第三产业发展更为滞后。总体而言，现代乡村产业体系尚未形成。第二，农村人口结构失衡。近年来“空心村”现象凸显，空巢老人和留守儿童的数量已经翻了一番。城市人口增加，农村人口减少，农村常住居民数量日益锐减。第三，农村生态环境问题堪忧。城镇化带来的农村生态环境问题日益突出。农村环境污染源不仅来自生活垃圾和工业生产排放，还来自农民在农牧业生产中的农业污染。农村生态环境问题对空气、水、土壤、人体健康以及农业和农村可持续发展带来显著的危害，这也有悖于绿色与可持续发展。

农民问题则是“三农”问题的重点，要确保农民收入的稳步增长和农民生活水平的逐步提高，与农村、农业携手并进，就必须解决以下问题。第一，农民打工难致富，贫富分化加剧。在市场化、工业化、城镇化的浪潮面前，农村一家一户为单位的家庭经营模式呈现高风险和低收入的状态。我国农村人口基数大，但与这一现状相反的是，农业增加值不仅较低，且增加速度缓慢，少数农民通过从事工业与服务业来实现收入的提高，现实状况是农民储蓄偏低，若突发疾病、意外事故仍会花掉农民的大部分储蓄，甚至举债。因此，农民打工是在其获得土地报酬之后增加收入的一种途径，虽然这在一定程度上会极大地促进农民生活水平提升或至少保持稳定，但是难以实现快速致富。第二，农民老龄化问题突出。目前，我国已进入人口老龄化快速发展阶段，在这种严峻形势下，随着21世纪城市的加速发展、工业和第三产业的繁荣，大量农村青壮年甚至农村中年劳动力离开农村，进城务工，仅将年长的老人留在农村进行农业生产，当下的突出问题是仅剩“最后一辈的农民”在进行农业生产，在这之后农村将会陷入无人务农、无人会农的窘境。这一问题正是当下我国农业、农村、农民问题中亟待解决的一项重大课题。

二、我国城乡二元结构突出

长期以来，我国城乡二元结构问题突出。与城市相比，农村发展滞后、农业基础不稳、农民收入较低。随着改革开放和工业化、城市化的推进，大量农村青壮年劳动力逐年向城市转移，“空巢老人”“空心村”的现象有增无减，农村人口老龄化严重、乡村凋敝的现象逐步显现。

随着我国的城市化和工业化水平的不断提高，农村基础设施建设和公共服务水平的不断提升，城乡之间的差距明显缩小。但是总体上我国城乡二元结构之间的问题并未完全解决，城乡基础服务并未均等化，城乡发展不平衡、不充分依旧是经济发展的短板。面对现阶段我国出现的新经济、新问题、新局面和新环境，要彻底化解城乡二元结构之间的矛盾，打破城乡此消彼长的局面，实现城乡的协调发展、共同繁荣，共同推进乡村振兴和新型城镇化的发展，对解决“三农”问题和城乡二元结构问题有着更为深刻的现实意义，更加符合中国经济发展的需求。新型城镇化是以城乡统筹、城乡一体、产业互动、节约集约、生态宜居、和谐发展为特征的城镇化。城镇化的推进不仅是数量和规模的扩展，更是制度的创新，人居环境、福利保障等的提升，实现从农民到市民的真正转变，更加突出了以人为本的特点。城市化最大的特点是集聚和规模效益，它集人口、经济、文化、交通、信息、物流等于一体，实现经济的快速增长，产业升级，解决人口的就业问题。利用城市功能的辐射作用，可以带动周边农村地区的经济发展，完善公共基础设施服务，提高城市的承载能力和包容能力，解决城市带来的环境污染问题，提升城市的综合治理能力。所以可以将新型城镇化归结为和谐发展、高效集约、产业互动、低碳绿色、以人为本，分别对应乡村振兴的生活富裕、治理有效、产业兴旺、生态宜居、乡风文明，新型城镇化与乡村振兴相辅相成、相互促进、相互融合。

三、“三农”是国之根本

实施乡村振兴战略，是开启全面建设社会主义现代化国家新征程的必然选择，党的十九大报告指出，“农业、农村、农民问题是关系国计民生的根本性问题，必须始终把解决好‘三农’问题作为全党工作重中之重”。这是党的十九大报告对“三农”地位的总体判断，既有“重中之重”地位的再强调，又有“关系国计民生的根本性问题”

的新定调。这表明"三农"作为国之根本,"三农"工作重中之重的地位依然没有变,特别是在新时期解决人民日益增长的美好生活需要和不平衡不充分发展之间的矛盾,实现决胜全面小康的大头、重点和难点都在"三农","三农"工作重中之重的地位不仅不能削弱,而且更要加强。实施乡村振兴战略是我国全面建成小康社会的关键环节,是实现中华民族伟大复兴中国梦的客观要求,也是我们党落实为人民服务这一根本宗旨的重要体现。

第二节　政策、目标和手段

一、乡村振兴的政策目标

(一)总目标

农业农村现代化既不是农业现代化的简单延伸,也不是农业现代化和农村现代化的简单相加。农业农村现代化是农业发展现代化、农村生态现代化、农村文化现代化、乡村治理现代化和农民生活现代化的有机统一。

农业现代化是从传统农业向具有世界先进水平的现代农业转变的过程,是用现代物质条件装备农业,用现代科学技术赋能农业,用现代产业体系提升农业,用现代经营形式改造农业,用现代发展理念引领农业,用培育新型农民支撑农业,提高土地生产效率、资源利用率和农业劳动生产率、提高农业质量效益和竞争力的过程。农业现代化是农业作为产业现代化的一般性和农业特殊性的有机结合,要求统筹体现产业现代化的本质特征和农业作为特殊性产业对农业现代化的影响。

农村现代化是与城市现代化相对应的区域现代化概念。要结合推进农业现代化加快农业发展方式转变,推进农村三次产业融合发展,培育产业融合、带动城乡融合发展,促进构建农村现代化新格局。

（二）“二十字”总要求

1. 产业兴旺

“产业兴旺”是解决农村一切问题的前提。只有产业兴旺了，农民才能有好的就业、高的收入，农村才有生机和活力，乡村振兴才有强大的物质基础。推进产业兴旺，要紧紧围绕促进产业发展，构建彰显地域特色、体现乡村气息、承载乡村价值、适应现代需要的现代乡村产业体系，让农业经营有效益，真正成为有奔头、有前途的产业。

（1）构建农业体系　实现乡村振兴，提高农民的农业经营收入，增强农业在国际上和国内不同部门之间的竞争力，离不开强有力的农业体系。这就要求以现代农业产业体系、生产体系建设来提升农业生产力水平和生产效率，以经营体系建设来创新农业资源组织方式和经营模式。构建强有力的农业体系，需要在协调推进现代产业体系生产体系、经营体系建设的同时，进一步完善农业支持保护制度、大力培育专业大户家庭农场、农民合作社、农业企业等新型农业经营主体，积极发展多种形式的适度规模经营，逐步健全农业社会化服务体系，加快实现小农户和现代农业的有机衔接。

（2）延长农业产业链　农业产业链也就是农业产品产业链，是指农产品从原料加工、生产到销售等各个环节的关联。延长农业产业链是指把原本农业侧重农产品生产的方向，一方面向上游原料供应、科技服务等方面拓展，另一方面向农产品加工销售等环节延伸。

（3）实现小农户与现代农业发展有机衔接　从小农户的现状出发，围绕农业转型升级，创新小农户和现代农业发展的衔接机制，把传统小农生产引入现代农业发展的轨道，一是基于收益共享、风险共担的原则，加快小农户的横向联合；二是基于风险-收益相匹配原则，促进各类经营主体与小农户纵向合作；三是基于互惠互利、共生共融理念，推动各类服务主体与小农户紧密协作。

（4）发展农业农村服务业　一是发展农业生产性服务业。农业生产性服务业也称为农业服务业、面向农业的生产性服务业，作为现代农业产业体系的重要组成部分，其主要是通过提供农业生产性服务为农业提供中间投入，为科技、信息、资金、人才等有效植入农业产业链的信息提供途径，为提高农业作业效率和农业产业链的协调性促进农产品供求衔接、提升农业价值提供支撑。二是发展农村生活性服务业。随着农村居民收入水平的提高和农村人口日益老龄化，农村休闲养老、农村婚丧嫁娶、农村快递等针对农村居民的农村社会性服务业发展日趋重要。

2. 生态宜居

“生态宜居”是乡村振兴的内在要求。生态环境是农村最大优势和宝贵财富，现在不少城里人之所以向往农村，就是因为在这里可以感受到山清水秀、天蓝地绿、村美人和，可以怀念乡愁的味道。实现生态宜居，要牢固树立和践行“绿水青山就是金山银山”理念，加快推行乡村绿色发展方式和生活方式，不断增加农业生态产品和服务供给，让良好生态成为永不枯萎的“摇钱树”。

（1）自然资本和绿色发展　绿色发展是指在生态环境容量和农业资源承载力的制约下，实现农业可持续发展的新型农业发展模式。自然资本不仅包括为人类所利用的资源，如水资源、矿物、木材等，还包括森林、草原、沼泽等生态系统及生物多样性生态宜居的实现，离不开农业绿色发展；农业绿色发展的实现，离不开自然资本的支撑。充分发挥自然资本的功能性和服务性，牢固树立自然资本理念，依托农业绿色发展实现生态宜居，助推乡村振兴战略。

（2）统筹山水林田湖草系统治理　生态是统一的自然系统，是各种自然要素相互依存而实现循环的自然链条。要按照自然生态的整体性、系统性及其内在规律，统筹考虑自然生态各要素如山上山下、地上地下、陆地海洋、流域上下游，进行系统保护宏观管控、综合治理，增强生态系统循环能力，维护生态平衡。

（3）农村环境污染问题综合治理　当前农村突出问题主要是农业面源污染问题、土壤污染问题、农村厕所脏污问题以及农村生活污染问题等四个方面。生态宜居的实现，需要对农村突出环境问题进行综合治理，转变对农村环境“脏、乱、差”的传统印象，以满足人民对美好生活的诉求。

（4）生态补偿和生态产品供给　生态补偿是以保护和可持续利用

生态系统服务为目的，以经济手段为主，调节相关者的利益关系，促进补偿活动，调动生态保护积极性的各种规则、激励和协调的制度安排。

狭义的生态补偿是指对由人类的社会经济活动给生态系统和自然资源造成的破坏及对环境造成污染的补偿、恢复、综合治理等一系列活动的总称。广义的生态补偿则还应包括对因环境保护而丧失发展机会的区域内居民进行的资金、技术、实物的补偿，政策上的优惠，以及为增进环境保护意识，提高环境保护水平而进行的科研、教育费用的支出。

3. 乡风文明

“乡风文明”是乡村振兴的紧迫任务。乡村振兴，既要塑形，更要铸魂；既要看农民口袋里票子有多少，更要看农民精神风貌怎么样。物质变精神、精神变物质，坚持物质文明和精神文明一起抓，大力推进新时代文明实践中心建设，因地制宜推进移风易俗，保护和传承农村优秀传统文化，培育文明乡风、良好家风、淳朴民风，不断改善农民精神风貌，提高乡村社会文明程度。

（1）乡风、家风、民风与乡风文明　乡风是指长期依托某农村区域形成的一种共有的区域特色、思维方式以及历史文化传统的乡村文化。家风是指一个家庭在长期发展过程中遵从优良传统、吸纳优秀文化而形成的，指导家庭成员做人做事的价值观念和行为准则。因此，我们更应以好家风涵养民风，让好家风促乡风文明。

（2）道德建设、公共文化建设与乡风文明　乡风文明表现为农民在思想观念、道德规范、知识水平、素质修养、行为操守，以及人与人、人与社会、人与自然的关系等方面继承和发扬民族文化的优良传统，摒弃传统文化中消极落后的因素，适应经济社会发展，不断创新，并积极吸收城市文化乃至其他民族文化中的积极因素，以形成积极、健康、向上的社会风气和精神风貌。

（3）优秀传统文化与乡风文明　乡风文明的本质是弘扬社会主义先进文化，保护和传承中华优秀传统乡土文化。乡村振兴，乡风文明是保障。要不断提升农民的思想道德素质和科学文化素质，提振精神风貌；不断提高乡村社会文明程度，着力培育文明乡风、良好家风、淳朴民风。立足乡村文明建设，弘扬传统民俗、丰富传统节日文化，树立文化自信；立足传统工艺振兴，推进传统文化创造性转化、创新性发展，带动农村变美、农民致富。

（4）建立促进乡风文明的体制机制　农村乡风文明体制机制的建设是一项系统工程，工作千头万绪，涉及方方面面。针对中国现阶段农村乡风文明体制机制建设中可能存在的问题，借鉴发达国家乡风文明体制机制建设的成功经验，建设生产发展、生活宽裕、乡风文明、村容整洁、生态良好、人与自然和谐相处的社会主义新农村。社会主义新农村建设必须建立和完善管理体制，加强组织领导和统筹协调，形成齐抓共建的工作格局，必须建立和完善工作机制，加大指导和考核力度，化虚为实、大处着眼、小处着手，实现工作的有力有效推进。

4. 治理有效

“治理有效”是乡村振兴的重要保障。我党是以农村包围城市取得革命胜利的，今天，乡村治理仍然事关党的执政基础、事关国家治理体系和治理能力现代化。因此必须把夯实基层基础作为固本之策，强化农村基层党组织的领导作用，健全自治、法治、德治相结合的乡村治理体系，确保乡村社会充满活力、和谐有序。

建设现代乡村社会治理体制。“政府引领”式乡村治理机制是发展和完善中国特色社会主义制度的基本要求，也是深入推进国家治理现代化的重要着力点。社会参与式乡村治理机制的目标是实现多方参与、解决治理效率偏低和“谁来治理”的难题，是实现国家治理现代化最终目标的重要着力点。“制度保障”式乡村治理机制的目标是以依托制度文件的方式对参与主体的行为进行规范，为实现乡村治理有效目标从制度层面提供了保障，也是实现国家治理现代化最终目标的重要着力点。

“三治”视角下的乡村治理。实现自治、法治、德治结合的“三治”，是实现乡村治理的重要思想性创新。依托“三治”实现治理有效，理应是健全乡村治理体系的重要路径选择。自治是健全乡村治理体系的核心要义。乡村治理极其复杂，一方面是因为治理主体的多元性，另一方面是治理内容的复杂性。法治是健全乡村治理体系的应有之义，法治是国家治理的根本，也是实现乡村治理有效的重要制度保障。德治是健全乡村治理体系的扬善之义，“国无德不兴，人无德不立”。德润人心，以德治国一直是中国的治国方略。基层党组织建设与乡村治理。农村基层党组织作为党在农村工作的执政之基，是最能接触到人民群众的末梢，是乡村基层组织，它肩负着乡村振兴的使命，是党联系广大人民群众，带领人民群众打赢“三农”攻坚克难战，夺取全面建成小康社会的排头兵。因此，实现乡村社会的稳定，做到乡村治理有效，就需要充分发挥农村基层党组织的战斗堡垒作用和党员干部的先锋模范作用，为深化农业农村改革、推进社会主义现代化进程和实现乡村振兴战略提供保障。

5. 生活富裕

“生活富裕”是实施乡村振兴战略的最终目标。生活富裕不仅包括了人民群众对物质方面的满足，也包含了人民群众对精神文化方面的追求。实施乡村振兴战略，是实现全体人民共同富裕的必然要求，要始终解决好农民最在意、最强烈、最直接的利益问题，抓重点、补短板、强弱项，完善乡村建设，构建美丽新家园。

（1）拓宽农民增收渠道　拓宽农民增收渠道，提高农村民生保障水平，一是以产业护贫的方式，建立龙头企业、经营大户与贫困户的帮扶对接机制；二是壮大农村集体经济，盘活农村集体资产；三是加大力度实施新型农业经营主体培育工程，培育壮大新型农业经营主体，发展多种形式的适度规模经营；四是有效利用互联网电商平台，推广订单农业；五是推动农村三次产业融合发展，构建农村三次产业融合发展的现代农业产业体系。

（2）加快农村社会保障体系建设　农村社会保障体系是政府部门为了能和城镇社会保障制度配套，在农村地区为农民提供社会养老保险、新型医疗合作、社会救济、社会福利、优抚安置等多种民生措施的总和。中国农村的社会保障实践是中国社会保障体系和制度建设过程中的薄弱环节，既严重影响到农村的和谐稳定，又影响到农村的长远发展。完善的农村社会保障体系不仅有利于实现社会公平，同时也有利于农村社会和谐发展，对于保证农村地区的社会稳定、留住人才、促进乡村经济发展都具有重要意义。

(3) 推动农村基础设施建设提档升级　完善农村基础设施建设是农村各项事业发展的基础，也是农村经济系统的一个重要组成部分，只有与农村经济发展相协调，才能更好地发挥其积极作用。推动农村基础设施建设的提档升级，对于农民增收大有裨益。完善基础设施建设是乡村振兴的保障，因而在农村实施民生、民心工程，支持乡村基础设施建设，可有效改善农民群众生产、生活条件。

(4) 优先发展农村教育事业　优先发展农村教育事业任重道远。针对目前存在的问题应积极采取有效措施加以解决，以便更好地推动农村教育快速发展。农村教育发展滞后的根源是生产力水平相对落后，农民的经济水平不高，农村教育事业缺乏资金保障。通过拓宽增产渠道来增加农民的经济收入和地方政府收入，带动农村相关产业发展，让地方政府有充足的资金加大对教育的投入。农村在抓好基础教育的同时，要重视农民职业技术教育和成人教育，全面提高农村人口素质，调整农村教育结构，提高农村教育质量。

二、乡村振兴的措施

(一) 产业振兴的实现路径

1. 培育发展乡村产业

(1) 做大农村种养殖业　进一步创新农村产业的组织形式，促进当地种养殖业朝规模化与品牌化方向发展。进一步延伸与拓展农业产业链，提高绿色优质农产品的供给数量，持续提升质量效益以及市场竞争力。

(2) 打造乡土特色产业品牌　开发多元化特色种养殖产业、推动各地农产品品种资源的保护及开发。强化特色化农产品品牌创建，落实好现代特色化农产品基地创建工作。

(3) 提升农村休闲旅游产业　落实好现代休闲农业旅游体系建设，建设一批设施设备先进、功能全面的现代休闲园区和康养疗养基地，打造一大批美丽乡村、休闲旅游重点村。

（4）建设新型服务产业　全力支持供销、邮政及合作社等机构建设农资管理、代耕代种及烘干收储等形式的现代农业服务产业。全面改造现代农村传统店铺与集市开发农村现代生活服务产业体系。

（5）推动农村信息化产业发展　进一步发展“互联网+”农业体系。要持续推动重点农产品大数据建设进程，进一步加快信息化进村入户进程。持续促进我国农村电商综合服务站、乡村物流配送服务网点与物流园区取得进一步发展。

2. 规范农村产业空间结构

（1）落实县域统筹机制　在县域范围内，全面统筹考虑城乡之间产业协同发展科学规划好当地乡村的产业布局，建立县城—中心镇—中心村等层级分工显著、功能有机统一的局面，落实城镇各类基础设施与公共服务向乡村延伸。

（2）实现镇域产业的合理归集　发挥乡镇上接县、下连村的重要价值，推动有条件的地方创建以乡镇所在地为支撑点的现代农业产业集群。

（3）推动欠发达地区农业产业发展　加大资金、技术及人才等方面的投入，切实巩固与拓展产业扶贫工作成果。

3. 形成农村产业合力

（1）形成多元化融合型主体　大力支持我国农业产业化龙头企业实现新的发展，指导其朝粮食主产区及特色化农产品优势区集聚。实施好家庭农场扶持规划，推动农村合作社的规范与提升工作。大力支持农业龙头企业、合作社及家庭农场发展，促进其形成现代农村产业联盟。

（2）形成多元化融合型业态　通过跨界配置乡村产业发展要素，实现相关产业的深度化融合，进而产生“农业+”的多种业态发展新趋势。积极促进规模化种植和林、牧、渔等产业融合，致力于发展稻渔协同、林下种植等产业。

（3）创建乡村产业结合新载体　以县域资源为基础，强化主导型产业创建，打造一大批乡村产业园区，建设一大批农村产业强镇，建设多个主体参与其中、多个要素共同聚集、多种业态协同发展的新局面。

（4）形成利益共享体系　积极指导农业类企业和小农户之间创建契约型与股权型等紧密协作模式，将利益分配的重点朝产业链的上游倾斜，推动农民群众实现持续增收。健全现代农业股份企业的利润分配体系，积极推广“订单+分红”“农民群众入股+保底效益+分红”等新型利益共享方式。

（二）人才振兴的实现路径

1. 明确加快培养人才队伍

（1）要加快培养农业生产经营人才　包括新型农业经营主体培养、农村实用人才带头人培养、家庭农场经营者、农民合作社带头人培养，鼓励农民工、高校毕业生退役军人、科技人员、农村实用人才等创办家庭农场、农民合作社等。

（2）加快培养农村第二产业、第三产业发展人才　包括培育农村创业创新带头人、加强农村电商人才培育、培育乡村工匠、打造农民工劳务输出品牌。

（3）加快培养乡村公共服务人才　包括加强乡村教师队伍建设、加强乡村卫生健康人才队伍建设、加强乡村文化旅游体育人才队伍建设、加强乡村规划人才队伍建设。

（4）加快培养乡村治理人才　包括加强乡镇党政人才队伍建设、推动村党组织带头人队伍整体优化提升、实施“一村一名大学生”培育计划、加强农村社会工作人才队伍建设、加强农村经营管理人才队伍建设、加强农村法律人才队伍建设等。

（5）加快培养农业农村科技人才　包括培养农业农村高科技领军人才、培养农业农村科技创新人才、培养农业农村科技推广人才、发展壮大科技特派员队伍等。

2. 明确各类培训主体作用

（1）要完善高等教育人才培养体系　全面加强涉农高校耕读教育，将耕读教育相关课程作为涉农专业学生必修课。引导综合性高校拓宽农业传统学科专业边界，增设涉农学科专业。加强乡村振兴发展研究院建设，加大涉农专业招生支持力度。加强农林高校网络培训教育资源共享，打造实用精品培训课程体系。

（2）加快发展面向农村的职业教育　加强农村职业院校基础能力建设，优先支持高水平农业高职院校开展本科层次职业教育，采取校企合作、政府划拨、整合资源等方式建设一批实习实训基地、支持职业院校加强涉农专业建设、开发技术研发平台、开设特色工艺班，培养基层急需的专业技术人才。

（3）支持企业参与乡村人才培养　引导农业企业依托原料基地、产业园区等建设实训基地，推动和培训农民应用新技术。鼓励农业企业依托信息、科技、品牌、资金等优势，带动农民创办家庭农场、农民合作社，打造乡村人才孵化基地。支持农业企业联合科研院所、高等学校建设产学研协同创新基地，培育科技创新人才。

3. 明确乡村体制机制和保障措施

（1）要建立健全乡村人才振兴体制机制　包括健全农村工作干部培养锻炼制度、完善乡村人才培养制度、建立各类人才定期服务乡村制度、健全鼓励人才向艰苦地区和基层一线流动激励制度、建立县域专业人才统筹使用制度、完善乡村高技能人才职业技能等级制度、建立健全乡村人才分级分类评价体系、提高乡村人才服务保障能力等。

（2）要认真落实乡村人才振兴的各项保障措施　一是加强组织领导。各级党委要将乡村人才振兴作为实施乡村振兴战略的重要任务，建立党委统一领导、组织部门指导、党委农村工作部门统筹协调、相关部门分工负责的乡村人才振兴工作联席会议制度。二是强化政策保障。加强乡村人才振兴投入保障，支持涉农企业加大乡村人力资本开发投入。三是搭建乡村引才聚才平台。加强现代农业产业园、农业科技园区、农村创业创新园区等平台建设，完善科技成果转化、人才奖补等政策，引进高层次人才和急需紧缺专业人才。四是制定乡村人才专项规划。探索建立乡村人才信息库和需求目录。五是营造良好环境。完善扶持乡村产业发展的政策体系，建好农村基础设施和公共服务设施，吸引城乡人才扎根于农村。

（三）文化振兴的实现路径

1. 立足自身文化特质，构建特色文化发展

乡村文化振兴发展，要从实际出发，在自身文化特质中，构建特色文化产业链，打造各具特色的文化品牌。第一，乡村文化建设，要打破同质化发展问题，在自身特色文化元素的融入中，深化自身文化建设发展。第二，乡村文化建设要从“历史、文化”与“生态、业态、形态”等维度出发，打造乡村文化特色产业链，塑造品牌，为乡村文化振兴提供载体。

2. 完善文化设施建设，重塑农民价值观

乡村文化振兴的立足点，在于完善文化设施建设，在文化产业体系发展中，激活乡村文化活力。一是政府要发挥导向作用，通过政策引导、资金投入，为乡村文化基础设施建设提供有力支撑。二是在多元化的社会环境之下，乡村文化建设面临新的挑战，要在移风易俗、建设和谐宜居的文明乡风行动中，让乡村文明焕发出新气象。用“家风、家训”教育传承，用“村规、民约”强化宣传教育，重塑农民价值观。

3. 强化乡村文化保护，提升公共服务体系

为进一步规范乡村文化建设，实现乡村文化振兴工程的有序推进，应提升公共服务体系，强化文化保护力度。首先，要强化对乡村文化的保护力度，对传统优秀文化要积极开展文化遗产普查、调研等工作，对乡村文化进行科学分类和保护。其次，提升乡村公共文化服务体系，在非物质文化遗产、社会主义核心价值观等乡村文化传承发展中，激发乡村文化建设活力。例如，以村为单位，建立基层文化服务站，在乡镇改革调整后的区域开展特色文化兴趣班、文化讲习所，让传统文化技艺、新业态文化在文化教育中得到传承，发展传承为更加系统化的文化服务体系。最后，加强乡风、乡味、乡愁、乡俗的保护性利用，传承性弘扬，创新性发展。

第三节　乡村振兴之“三农”政策

一、农业政策：从传统农业向现代农业转变

（一）确保粮食安全

当前，国家高度重视“粮食安全”，与往年相比，2024 年中央一号文件将“保障国家粮食安全”提升到“底线”的高度，全文共 5 次提到“粮食安全”，并强调粮食安全党政同责、强化粮食库存动态监管、落实粮食节约行动方案，粮食安全重要性突出。国家对于粮食安全的重视主要是出于特殊时期和背景的考量，在新冠疫情影响及地域冲突蔓延的背景下，许多国家对粮食出口进行限制，国际粮食格局发生很大变化，国际粮价波动剧烈，世界形势变得复杂，中国人必须端稳中国人的“饭碗”，发挥粮食安全的“压舱石”作用。2024 年中央一号文件还聚焦于调整粮食生产结构，提出要大力实施大豆和油料产能提升工程。我国大豆和油料进口依存程度高，近期国际上油料价格上涨明显，对我国油料进口造成一定影响。因此，2024 年中央一号文件提出，要扩种大豆和油料，并提出稳定大豆等生产者补贴政策、加大产油大县奖励力度等配套举措，有助于调动农民生产大豆和油料的积极性，降低对进口的依赖，增强抵御外部风险的能力。

农业是一个国家经济发展的基础，粮食安全关系国计民生。由于受到国际市场环境、国内农业生产环境和农业生产成本等因素的影响，我国粮食生产还存在许多不安全的因素，未来我国粮食生产将面临更大的挑战。因此，我们必须严格落实“藏粮于地、藏粮于技”战略，出台了一系列政策措施，保证粮食产能稳步提升，确保将 14 亿国人的饭碗牢牢端在自己手中。

1. 切实稳定粮食播种面积

进一步加大耕地保护力度，坚持耕地数量、质量、生态“三位一体”保护措施，深入落实“藏粮于地”。一是稳定粮食耕地面积，坚

守18亿亩[1]耕地红线，落实最严格的耕地保护制度，加强耕地用途管制，实行永久基本农田特殊保护。政府在工业化用地、城市化用地的问题上要起到调控的作用，防止出现各类建设用地侵占行为。严禁违规占用耕地和违背自然规律绿化造林、挖湖造景，严格控制非农建设占用耕地，建立耕地数量、种粮情况监测预警及评价通报机制。同时要持续开展耕地质量保护与提升行动，通过深耕深松、秸秆还田、测土配方施肥等措施，保护提升耕地地力，实现“藏粮于地”。

2. 落实粮食生产扶持政策

粮食生产扶持政策主要有以下3个方面。一是强化粮食生产扶持政策，坚持并完善稻谷、小麦最低收购价政策，及时反映农民和市场主体的诉求与建议，发挥市场机制作用，促进优质优价，加快建立种粮农民收益保障机制，让农民愿意种粮、种好粮。二是积极发展乡村特色产业、农产品产地初加工、农村电商、冷链物流等，推动完善农产品流通体系和市场体系，积极培育农产品市场运营主体，实现农产品高效流通，推动农产品市场健康发展，提升农业产业综合效益。三是大力发展社会化服务。扶持培育壮大新型农业经营主体，支持发展农业生产社会化服务组织，为外出务工和无力耕种农户提供全程托管服务。通过代耕代种、代育代插、联耕联种、土地托管等形式推进粮食适度规模经营和集约化生产。

3. 加快“粮食生产功能区和重要农产品生产保护区”规划与建设

建立“两区”是保障国家粮食安全、深化农业供给侧结构性改革的重大战略决策和重要制度性安排。积极推进“两区”划定和建设，实施“藏粮于地、藏粮于技”战略，为推进农业现代化建设奠定坚实基础。综合考虑消费需求、生产现状、水土资源条件等因素，科学合理划定粮食生产功能区和重要农产品生产保护区，完善支持政策和制度保障体系，引导农民参与两区划定、建设和管护，鼓励农民发展粮食和重要农产品生产，稳定粮食和重要农产品种植面积，保持种植收益在合理水平，确保“两区”建得好、管得住，能够长久发挥作用。

① 1亩约为667平方米，全书同。

同时引导“两区”目标作物种植，实现“分区施策、按区种植”。加快两区内高标准农田建设，整体提升“两区”综合生产能力。

4. 大力推进高标准农田建设

农田质量是粮食安全的根基。要围绕实施乡村振兴战略，按照农业高质量发展要求，加强规划布局，持续推进高标准农田建设。

制定实施新一轮全国高标准农田建设规划，优化高标准农田建设布局，优先安排建设已划为永久基本农田、水土资源条件较好、开发潜力较大的地块，达到集中连片旱涝保收、高产稳产、生态友好的高标准农田建设标准。同时把高标准农田建设作为支农投入的重点，加大财政投入力度，把高标准农田建设与优势特色产业、农业产业结构调整紧密联系起来，集中连片规划高标准农田，打造优质高效农业示范基地。通过实施项目工程，提升农业耕地综合生产力，促进土地提档升级，带动农民增收。

5. 开展绿色高质高效行动

以绿色发展为导向，结合高标准农田建设，各地区根据种植作物特征，开展重点作物绿色高质高效行动项目。围绕整地、播种、管理、收获等环节，推广成熟的“全环节”绿色节本高效技术。引领“全县域”农业绿色发展，全面推动生产方式变革、单产水平提升，形成一批适合本县域的可复制推广的技术模式。辐射带动大面积增产增效，推动粮食生产转型升级和高质量发展。

（二）加快农业机械化

农业机械化是促进农业农村现代化进步的基础和关键。党的十八大以来，我国在农业机械化方面取得了举世瞩目的成就，不仅有持续增长的农机装备总量、快速提升的农机作业水平、不断增强的社会化服务能力，而且农机拥有量和使用量也都位居世界前列，国家农业机械化水平不断提升，走进机械化为主导的新阶段，农业生产更是从原来的依靠人力、畜力转变为依靠机械动力。习近平总书记指出，要大力推进农业机械化和智能化，用科技为农业现代化赋能。

《“十四五”全国农业机械化发展规划》（以下简称《规划》）中明确提出，要不断加强对于智能化、大中型以及复合型农业机械的研发和应用，真正打造出中国的农机装备前端企业和知名品牌。加速推动各种战略性经济作物以及粮食作物在育、耕种、管、收、运、贮等薄弱环节所需要的先进农机装备的研制进程。同时也要推进适合丘陵山区农业生产需求的高效专用农机的研发和制造。实现在提升关键核心技术、关键材料和重要零部件等制约整机综合性能发展方面的技术攻关，强化研发绿色智能的畜产养殖装备，从而推进我国在全领域的农业机械化发展，《规划》中还明确要求要健全农作物生产体系上的全程机械化，加快推进各方集成配套。加强对智能化、高端化以及安全农机装备方面的支持力度，全面提升我国农机装备安全水平在国际上的竞争力。推进“机械装备+养殖工艺”的融合，提升畜牧水产养殖业的机械化程度，推动绿色环保理念在农机中的应用。加强基础设施建设，发展农机服务中的“全程机械化+综合农事”新模式。

在《2021—2023 年农机购置补贴实施指导意见》中明确指出，中央财政资金全国农机购置补贴机具种类范围（以下简称全国补贴范围）为 15 大类，44 个小类，共 172 个品目。各省从自身的供需实际出发，在全国的所有补贴范围内优先择取当地的补贴机具品目，从而因地制宜满足各地在粮食等农畜产品生产、特色化农业生产和农业绿色、数字化发展中所需的补贴资金，也在补贴范围中纳入了更多符合条件的高端智能机具产品，提高补贴标准、加大了补贴力度。测算比例提高了 5%，一般补贴机具单机补贴限额原则上不超过 5 万元；挤奶机械、烘干机单机补贴限额不超过 12 万元；100 匹马力[①]的拖拉机、高性能青饲料收获机、大型免耕播种机、大型联合收割机、水稻大型浸种催芽程控设备、畜禽粪污资源化利用机具单机补贴限额不超过 15 万元；200 匹马力以上拖拉机单机补贴限额不超过 25 万元；大型甘蔗收获机单机补贴限额不超过 40 万元；大型棉花收获机单机、成套设施装备单套补贴限额不超过 60 万元。西藏和新疆南疆 5 个地州（含南疆垦区）继续按照《农业部办公厅、财政部办公厅关于在西藏和新疆南疆地区开展差别化农机购置补贴试点的通知》（农办财〔2017〕19 号）执行。在全国多省份实行补贴机具品目，各省农机化

---

① 1 马力约为 735 瓦，全书同。

主管机构加强信息互通和共享，实现分档与补贴额之间的相对统一稳定关系。

（三）高标准农田建设

“十四五”开年之际，在国务院批复下农业农村部印发了《全国高标准农业建设规划（2021—2030年）》。建设目标是到2022年建成高标准农田10亿亩，到2025年建成10.75亿亩高标准农田，提升改造1.05亿亩高标准农田。实现新一轮高标准农田建设与国土空间规划“一张图”的目标。在粮食生产功能区以及保护区建设的预期目标是，用3年时间完成10亿亩以上信息化管理的“两区”建设，用5年时间完成对“两区”基础设施、管护能力、粮食产能提升的建设任务，使国家粮食安全战略得到巩固，具体实施内容有以下几个方面。

1. 粮食生产功能区的划定

2017年，国务院在《关于建立粮食生产功能区和重要农产品生产保护区的指导意见》等政策中明确指出，要以黄淮海地区、长江中下游、西北及西南优势区为重点划定出小麦生产功能区共3.2亿亩，其中有6000万亩水稻和小麦复种区；以东北平原、长江流域、东南沿海优势区为重点，划定水稻生产功能区共3.4亿亩；以松嫩平原、三江平原、辽河平原、黄淮海地区以及汾河和渭河流域等优势区为重点，划定玉米生产功能区共4.5亿亩，其中共有1.5亿亩小麦和玉米复种区。

2. 做好农产品生产重点保护区的划定

以东北地区为重点，黄淮海地区为补充，共划定大豆生产保护区1亿亩（含小麦和大豆复种区2000万亩）；以新疆为重点，黄河流域、长江流域主产区为补充，划定3500万亩的棉花生产保护区，以广西、云南为重点，划定糖料蔗生产保护区1500万亩；以海南、云南、广东为中心，划定天然橡胶保护区1800万亩，以长江流域为重点，划定7000万亩油菜籽保护区（含6000万亩水稻和油菜籽复种区）。

3. 完成“两区”综合建设任务

要加大政府财政的支持力度，利用以担保、保险、资产抵押等金融形式来提高农业金融保险的覆盖面和服务范围，积极吸引和利用社会资本，重点在于对高标准农田建设、橡胶生产基地、土地整治、各级农田水利设施建设、节水灌溉设备的配备等设施的扶持。要完善土地流转市场的建设，加强土地流转管理和服务，将农户闲散的土地有序地流转给土地承包大户，进行规模化经营，巩固农产品的供给能力。要利用“互联网+”现代化信息技术，健全农业社会化服务体系，提高对农业生产者的农业技术服务、耕种收服务等全过程和全方位的农业社会化服务能力。

二、农村政策：从新农村建设到美丽宜居乡村建设的转变

（一）宜居乡村建设规划

1. 科学推进乡村规划，完善县、镇、村规划布局

党的十八大在实施乡村振兴战略中指出，“必须重塑城乡关系，走城乡融合发展之路”，基于此，做好乡村规划工作，也显得非常重要。加强农村规划发展，通过村庄规划建设，更好地助力城乡一体化发展，强化县域国土空间管控规划，统筹划定永久基本农田、生态保护红线、城镇开发边界，在乡村规划过程中，做好居住用地规划工作是打造乡村宜居环境的重要条件。对于当地可发展内容进行科学整理，根据实际发展需求，对居住用地进行规划设计，更好地完成现代化产业建设，细化现代化产业内容，加强居住用地位置的规划设计。从实践情况来看，居住用地需要沿着“自上而下”的方向发展，契合新乡村规划要求，提升区域经济发展稳定性。推进县域产业发展、基础设施、公共服务、生态环境保护等一体化规划，推动公共资源在县域内实现配置优化。按照集聚提升类、城郊融合类、特色保护类和搬迁撤并类等村庄不同类型，分门别类推进村庄规划。优化布局乡村生活空间，严格保护农业生产空间和乡村生态空间，坚持先规划后建设，遵循乡村发展规律，注重乡村传统特色和乡村历史风貌保护。严禁随意撤并村庄搞大社区、违背农民意愿大拆大建。

2. 加强乡村基础设施建设，完善农村交通运输体系

深化农村公路管理与养护体制改革，落实管养主体责任。加大推

进农村公路建设项目进村入户，统筹规划农村公路穿村路段，兼顾村内主干道功能。完善交通安全防护基础设施，提升农村公路安全防控水平，强化农村公路交通安全有效全面监管。推动城乡客运一体化发展，完善农村客运长效发展机制。提升农村供水保障和供水安全水平。合理确定水源和供水工程设施布局与数量，加强水源工程建设和饮用水源保护，提高边远农村自来水普及率，鼓励有条件的地区将城市供水管网向周边村镇延伸。健全农村供水工程建设和管护长效运行机制。完善农村防汛抗旱设施设备，加强农村洪涝灾害预警和防控。加强农村清洁能源建设。提高清洁能源在农村能源消费中的比例，因地制宜提高农村地区光伏、风电利用率，大力发展农村生物质能源利用，加快构建以可再生能源为基础的农村清洁能源利用体系。推进清洁供暖设施建设，加大生物质锅炉、太阳能集热器等应用力度，推动北方冬季清洁能源取暖。大力建设农村物流体系。完善县乡村三级物流配送体系，补齐物流基地、分拨中心、配送站点和冷链仓储等物流基础设施短板。改造提升农村寄递物流基础设施，建设乡镇运输服务站，改造农贸市场等传统流通网点。创新农村物流运营服务模式，探索乡村智慧物流发展模式。

3. 整治提升农村人居环境，因地制宜推进农村厕所改造

改造中西部地区农村户用厕所，引导新改厕所入院入室。合理规划布局农村公共厕所，加快建设并升级乡村景区旅游厕所。推进生活污水治理与农村厕所改造有机衔接。鼓励各地积极探索推行政府定标准、农户自愿按标准改造升级户用厕所、政府验收合格后按规定补助到户的奖补模式，梯次推进农村生活污水治理模式。以县域为基本单元，以乡镇政府驻地和中心村为重点，梯次推进农村生产、生活污水治理，全面消除较大面积的农村黑、污、臭水体。大力采用符合农村实际的污水处理模式和工艺，优先推广运行费用低、管护简便的先进处理技术，积极有效探索资源化利用方式。完善农村生活垃圾处理长效运行机制。推动农村生活垃圾源头分类减量，探索农村生产、生活垃圾就地、就近处理和资源化利用的有效途径，稳步解决“垃圾围村”等重点问题。进一步完善农村生活垃圾收运处理体系，建立健全

农村再生资源回收利用网络，整体提升村容村貌。深入、全面地开展村庄清洁和绿化行动，实现村庄公共空间及村庄周边干净整洁。提高农房整体设计水平和建设质量。健全农村人居环境建设和管护长效机制，全面建立健全村庄保洁制度，有条件的地区积极推广城乡环卫一体化管理。

4. 加快数字乡村建设，加强乡村信息基础设施建设

实施数字乡村建设工程，大力发展和提高乡村信息服务水平，建设智慧农业工程，加快移动互联网、数字电视网、农村光纤宽带和下一代互联网发展，大力支持农村偏远地区信息通信基础设施建设。推动农业生产加工和农村地区电力、水利、物流、公路、环保等基础设施数字化升级，把信息化技术与农业生产、生活相融合，进一步发挥信息技术的优势。开发适应“三农”特点的技术产品、移动互联网应用软件，构建面向农业农村的综合信息服务平台。建立和应用农业农村大数据体系，推动人工智能物联网、大数据等新一代信息技术与农村农业生产和经营深度融合。构建线上、线下有机结合的乡村数字惠民、便民服务体系。推进“互联网+”政务服务向农村、向基层延伸。深化乡村智慧社区建设，搭建集党务村务、监督管理、便民服务于一体的智慧综合管理服务平台。加强乡村医疗、教育、文化、数字化建设，推进城乡公共服务资源共享，不断缩小城乡间的“数字鸿沟”。大力推进农民手机应用技能培训，加强农村5G网络建设。

(二) 农村电商发展规划

农村电商的高质量发展是实现农村经济可持续发展的重要推动力，按照党中央国务院部署要求，农业农村部将以“互联网+”农产品出村进城工程为抓手，加快推进信息技术在农业生产经营中的广泛应用，充分发挥网络、数据、技术和知识等要素作用，进一步完善适应农产品网络销售的供应链体系、运营服务体系和支撑保障体系，促进农产品的产销顺畅衔接、优质优价，带动农业转型升级、提质增效，拓宽农民就业增收渠道。重点做好以下几个方面工作。

(1) 以乡村特色产业为依托，打造优质特色农产品供应链体系

统筹组织开展生产、加工、仓储、物流、品牌、认证等服务，生产、

开发适销对路的优质特色农产品及其加工品。

（2）以益农信息社为基础，建立健全农产品网络销售服务体系　充分利用益农信息社以及农村电商、邮政、供销等村级站点的网点优势，统筹建立县、乡、村三级产品网络销售服务体系。以低成本、简便、易懂的方式，针对性地为农户提供电商培训、加工包装、物流仓储、网店运营、商标注册、营销推广、小额信贷等全流程服务。

（3）以现有工程项目为手段，加强产地基础设施建设　充分利用现有标准化种瓜地、规模化养殖场、数字农业农村等项目，推进优质特色农产品的规模化、标准化、智能化生产，切实提升优质特色农产品的持续供给能力、商品化处理能力。结合农产品仓储保鲜冷链物流设施建设工程，构建全程冷链物流体系，推动整合县域内物流资源，完善县、乡、村三级物流体系。

（4）以农产品出村进城为引领，带动数字农业农村建设和农村创业创新　推进优质特色农业全产业链数字化转型，打通信息流通节点，提高生产智能化、经营网络化管理数字化水平。围绕乡村振兴和数字乡村发展战略布局，拓展“互联网+”农产品出村进城工程的服务功能，带动发展农村互联网新业态新模式。

三、农民政策：从庄稼汉到新时代居民的转变

（一）农民教育培训业

为了培育大量高素质农民，促进农村经济的发展。党的十八大报告中提出，要着力促进农民增收，培育高素质农业经营主体，发展多种形式规模经营，通过培训提高一批、吸引发展一批、培育储备一批，加快构建新型农业经营队伍，构建集约化、专业化、组织化、社会化相结合的高素质农业经营体系，2012 年中央一号文件中也提出要大力培育高素质职业农民，大力培育农村实用人才，切实提高新型职业农民培育的针对性、规范性和有效性，对未升学的农村初高中毕业生免费提供农业技能培训，对农村青年务农创业和农民工返乡创业项目给予补助和贷款支持。《2020 年全国高素质农民发展报告》显示，2020 年农业农村部、财政部启动实施了国家高素质农民培育计划基本

实现农业县全覆盖，重点培育高素质农业经营服务主体经营者、产业扶贫带头人返乡入乡创新创业者和专业种养能手。党和政府及相关部门相继出台了关于高素质农民的教育培训政策，培养造就一支懂农业、爱农村、爱农民的“三农”工作队伍，这对于提高农业现代化水平具有重大的指导意义。

2012—2019年，新型职业农民成为培育重点。2012年“新型职业农民”概念第一次出现在中央文件中，并且引入了“职业”的概念。这是中央立足我国农村劳动力结构的新变化，着眼现代农业发展的新需求，培养未来现代农业主体作出的战略决策在传统农民“去身份化”转向新型职业农民的过程中具有重要的里程碑意义。阳光培训工程明确提出向培育新型职业农民倾斜，并对全国100个新型职业农民培育试点的2万名新型职业农民培育对象开展系统培训。2019年之后，正式提出“高素质农民”的概念。2019年8月19日，《中国共产党农村工作条例》(以下简称《条例》)正式实施。《条例》明确提出，“培养一支有文化、懂技术、善经营、会管理的高素质农民队伍，造就更多乡土人才。”“高素质农民”这一概念，更加尊重农民在农业农村现代化建设中的主体地位和首创精神，体现了中央切实保障农民物质利益和民主权利的考虑。同年，农业农村部办公厅、教育部办公厅印发《关于做好高职扩招培养高素质农民有关工作的通知》，启动实施“百万高素质农民学历提升行动计划”。随着农业农村现代化推进步伐的加快，高素质农民培育已经越来越多地被提上议程。

1. 教育培训

农民教育培训工作基本形成由各级党委政府主导、农业农村部门牵头、公益性培训机构为主体、市场力量和多方资源共同参与的农民教育培训体系。以全国范围的农民教育培训专项工程为引领，带动各地多渠道、多形式、多层次推进农业农村实用技术和经营技能培训分层次、分区域、分对象对高素质农民进行培训，主要包括对务农农民的教育培训、对返乡下乡创业创新主体的培训，还包括对认定后的高素质农民进行经常性的教育培训等。近年来，各地各部门以稳定地从事某项农业劳动作业的主体雇工等为主要培训对象，让这些生产经营者掌握从事某项农业生产相关的专业理论知识，包括农业生产技术、农产品质量安全常识、农业生态和可持续发展知识、职业道德等，熟练掌握相关的技术、技能。

2. 就业创业扶持

就业创业扶持基本形成了以高素质农民为主要对象，与项目制补贴相结合，通过政府购买服务、以奖代补、先建后补等方式，支持乡村就业创业的扶持体系。与整个国家大的就业政策类似，这实际上是一种主动创造就业、创业机会的积极培育政策。在“大众创业、万众创新”的大背景下，各级人民政府结合返乡农民工创业的特点需求和地域经济特色，积极组织实施农民工返乡创业专项培训计划，对返乡农民工给予创业培训补贴。

3. 职业技能鉴定

按照现代农业生产经营专业化分工、主体自身需求和用工岗位合理选择职业技能，初步形成了以产业发展带动农业农村技能人才队伍建设，以熟练掌握某项或某方面生产技能为基本目标，结合农业农村关键生产环节分段进行认证的制度。围绕职业资格认定，农业农村部门建设职业标准、鉴定工作队伍和质量体系，规范农业职业技能鉴定，不断提升鉴定质量。

4. 新型经营主体培育

新型经营主体培育的一个重要内容就是支持新型农业经营主体带头人等提升技术应用和生产经营能力。近年来，国家要求地方支持农民合作社、示范社（联合社）和示范家庭农场改善生产条件，应用先进技术，提升规模化、绿色化、标准化、集约化生产能力，建设清选、包装、烘干等产地初加工设施，提高产品质量水平和市场竞争力。鼓励各地为农民合作社和家庭农场提供财务管理、技术指导等服务。除了技术和经营能力提升外，农业农村部门还支持新型农业经营主体建设基础设施，这实际上已经形成了对高素质农民“真金白银”的支持。

(二) 农民返乡创业

1. 完善政策创业

中央政府把新型城镇化作为重要发展方向，城乡发展一体化作为重点，支持农民工等群体返乡创业，农业农村部出台了一系列重大政策措施，在融资服务、税收优惠、财政补助、用地用电等方面予以支持。同时，农业农村部会同人力资源和社会保障部、财政部出台《关于进一步做好返乡入乡创业工作的意见》，提出“对首次创业、正常经营1年以上的返乡入乡创业人员，可给予一次性创业补贴”，各级人民政府在创业环境及政策方面都大力支持，以便吸引更多人返乡创业，如2019年赣州市创业担保贷款政策宣传手册，明确指出了农村自主创业农民符合条件可享受30万元以内3年免息贷款；农业农村部会同国家发展和改革委员会等八部门联合出台《关于深入实施农村创新创业带头人培育行动的意见》，强化政策扶持，集聚资源力量，要求到2025年，培育农村创业创新带头人100万以上，基本实现农业重点县的行政村全覆盖；联合国家发展和改革委员会等部委出台《关于进一步支持农民工等人员返乡下乡创业的意见》，引导更多农民工返乡创业，对于农民工创办小微企业享受一定额度的税收减免政策，带动农民就地、就近创业；会同科学技术部等印发《关于推进返乡入乡创业园建设提升农村创业创新水平的意见》，进一步完善了返乡入乡创业政策，明确返乡入乡创业园建设重点，优化了返乡入乡创业环境。

2. 搭建创业平台

按照“政府搭建平台、平台聚集资源、资源服务创业”的要求，建设农村创业创新园区、孵化实训基地、现代农业产业园、农业产业强镇、农村一二三产业融合发展示范园等，为各类返乡入乡人员和在乡能人等提供创业创新的平台，施展他们创业才能和聪明才智。目前，农业农村部已认定1096个具有区域特色的孵化实训基地和农村创业创新园区，并向社会推介了200个全国农村创业创新典型县范例，连续举办5次全国新农民新业态创业创新大会，全面展示了新农民、新技术、新业态、新农业、新农村发展的成就；鼓励创业示范，启动创业明星评选活动，由基层组织推荐创业明星进行表彰与奖励，营造全民创业的社会氛围，鼓励更多想创业的人追求梦想，连续举办了4届全国农村创业创新项目创意大赛，选拔了一批优秀创新项目和创业人才，促进农村创业创新高质量发展。

3. 加强创业培训

农业农村部联合有关部门采取一系列举措，把返乡创业农民工纳入培训体系，稳步提升农民工等返乡入乡创业创新能力。对于返乡创业农民工提供免费的创业培训课程。围绕创业知识开展理论、实践相结合的培训课程。加大培训力度，实施高素质农民培育计划，重点面向新型农业经营主体骨干开展系统培训，每年培育农民超过100万人，增强创业和就业能力。实施返乡入乡创业培训行动计划，使每位有意愿的创业者都能接受一次创业培训，培训服务要贯穿于整个创业过程，在创业前、创业中都要进行跟踪反馈。实施农村创新创业带头人培育行动，为农村创业者提供全方位指导服务。创新培训方式，开设农村创业创新云讲座，充分利用门户网站、远程视频、云互动平台、微课堂、融媒体等现代信息技术手段，提供灵活便捷的在线培训。将农民创业培训和职业化教育相衔接，建立多层次、多样化、精准化的针对创业培训的职业教育。

提升培训质量，探索“创业培训+技能培训”模式，推动创业培训与区域产业相结合，开发一批特色专业和示范培训课程。加强就业见习实习、创业孵化实训基地、建设组建创业导师队伍和专家顾问团。

（三）农村社会保障

目前，我国已经基本建立起以农村社会保险、农村社会救助、农村社会福利、农村社会优抚安置等为主要内容的农村社会保障体系。通过农村社会保障制度来改善农村居民生活水平和城乡差距，逐步实现城乡一体化发展的目标。

1. 农村居民养老保障

农村居民养老保障政策是为了提高广大农村老年人生活水平和质量，实现“老有所养”而制定的政策，减轻农村居民的养老负担。随着农村老年人的不断增加，目前农村养老面临着较大的问题。中央一号文件指出要加快构建养老服务体系，建设多种农村养老服务；实现新型农村社会养老保险制度全面覆盖，城乡居民基本保险制度相融合。农村居民养老保障政策涉及农村社会养老保险和农村社会养老服务两个方面。

（1）农村社会养老保险方面　健全新型农村社会养老保险体系，合并城乡居民基本养老保险制度，运用科学合理的方式稳步提高城乡居民基础养老金标准，引导农村居民提高养老保险的缴费额度，从而增加养老金的发放额度。

（2）农村社会养老服务方面　《“十四五”国家老龄事业发展和养老体系建设规划》等相关政策提出，实施积极应对人口老龄化国家战略，以加快完善社会保障、养老服务、健康支撑体系为重点，把积极老龄观、健康老龄化理念融入经济社会发展全过程。尽力而为、量力而行，深化改革、综合施策，加大制度创新、政策供给、财政投入力度，推动老龄事业和产业协同发展，在老有所养、老有所医、老有所为、老有所学、老有所乐上不断取得新进展，让老年人共享改革发展成果、安享幸福晚年。

2. 农村社会救助

农村社会救助制度是国家及各种社会群体运用掌握的资金、实物、服务等手段通过一定机构和专业人员，向农村中无生活来源、丧失工作能力者，向生活在“贫困线”或最低生活标准以下的个人和家庭，向农村中一时遭受严重自然灾害和不幸事故的遇难者，实施的一种社会保障制度，以使受救助者能继续生存下去。

2020 年 8 月，中共中央办公厅、国务院办公厅印发《关于改革完善社会救助制度的意见》提出，“促进城乡统筹发展。推进社会救助制度城乡统筹，加快实现城乡救助服务均等化。顺应农业转移人口市民化进程，及时对符合条件的农业转移人口提供相应救助帮扶。”

党的十九大报告指出，要统筹城乡社会救助体系，完善农村最低生活保障制度。中央一号文件与政府工作报告也多次指出，要切实改进农村社会救助工作，全面建立临时救助制度，实现农村低保全覆盖，使符合条件的农村贫困人口都进入农村最低生活保障的范围；改进农村最低生活保障申请家庭经济状况核查机制，实现农村最低生活保障制度与扶贫开发政策有效衔接，切实改善农村困难群体的基本生活，加强农村最低生活保障的规范管理，不断提高农村最低生活保障的标准。随着经济社会发展水平提高，从低保制度建立之初到现在，低保标准不断调整提高，截至 2021 年第三季度，我国农村最低生活保障人数为 3489. 2 万人，平均标准达 6298. 8 元/（人・年）。

3. 农村社会福利

农村社会福利是指为农村特殊对象和社区居民提供除社会救济和社会保险以外的保障措施与公益性事业，其主要任务是保障孤、寡、老、弱、病、残者的基本生活，同时对这些特困群体提供生活方面的上门服务，并开展娱乐、康复等活动，逐步提高其生活水平。一是密织社会保障网，重点加快“十四五”时期，我国持续完善农村社会福利体系。强化特殊与困难群体福利项目建设，加强农村福利院、养老院、运动场、老年活动中心等设施建设，进一步拓展各类社会福利的覆盖范围。二是丰富社会保障方式，积极探索农村社会福利保障工作新模式，如针对 60 岁以上老年人，每年定期开展“节日慰问”“免费理发”“空巢老人养老服务”等活动，针对留守儿童建设“读书屋”“托儿所”等场所，真正做到“膝下有人”“心中有家”“身心安宁”，让老百姓有更多的幸福感、获得感和归属感。三是依托多元化保障主体，通过农村集体经济组织、专业合作社、农村带头人、龙头企业等多类主体，对农村特殊群体贡献关爱服务。同时，撬动社会资本，针对农村老年群体的多元化养老需求，把政府保基本与商业满足多元化需求结合起来，形成更大合力；发挥社会公益组织等力量，开展留守儿童结对帮扶等活动。总之，要针对农村老年人、儿童、“三留守”人员等的不同困难和需求，发挥各方面的力量，不断提高农村社会福利保障水平，让老百姓的日子越过越好。

4. 农村优抚安置

农村优抚安置主要指对国家和社会有功劳的农村特殊社会成员，

依照法律给予补偿和褒扬的一种社会保障制度，是优待、抚恤、安置3种待遇的总称。农村优抚安置是维护国家和民族自身利益的需要，具有十分重要的政治意义，它能够保证国家与社会的稳定和发展，推动社会经济繁荣，鼓舞士气，焕发民族精神。

第二章　农村土地管理

第一节　农村土地承包经营制度

一、农村土地的确定

2018 年修正的《中华人民共和国农村土地承包法》（以下简称《农村土地承包法》）第二条规定：“农村土地是指农民集体所有和国家所有，依法由农民集体使用的耕地、林地、草地，以及其他依法用于农业的土地。”

农民集体所有的土地一般是指所有权归集体的全部土地，其中主要有农业用地、农村建设用地等。其他依法用于农业的土地有养殖水面等。养殖水面主要是指用于养殖水产品的水面，属于农村土地不可分割的一部分，也可用于农业生产，所以也包括在本条所称的农村土地的范围之中。此外，荒山、荒丘、荒沟、荒滩等“四荒地”依法用于农业的，也属于本条所称的农村土地。用于农业的土地中数量最多、涉及面最广，与每一个农民利益关联最密切的是耕地、林地和草地，这些农村土地，多采用人人有份的家庭承包方式承包，集体经济组织成员都有承包的权利，因此，《农村土地承包法》把耕地、林地和草地突出表述。其他农村土地如“四荒地”、养殖水面等包含在本条规定的“其他依法用于农业的土地”之中。

总的来说，由农民集体所有的耕地、林地、草地及养殖水面、“四荒地”等其他农业土地，以及国家所有但是由农民集体使用的耕地、林地、草地及养殖水面、“四荒地”等其他农业土地，都属于《农村土地承包法》所称的农村土地，都要遵守《农村土地承包法》的规定。

二、家庭承包方式

《农村土地承包法》第三条规定："国家实行农村土地承包经营制度。农村土地承包采取农村集体经济组织内部的家庭承包方式，不宜采取家庭承包方式的荒山、荒沟、荒丘、荒滩等农村土地，可以采取招标、拍卖、公开协商等方式承包。"

家庭承包是指以农村集体经济组织的每一个农户家庭全体成员为一个生产经营单位，作为承包人承包农民集体的耕地、林地、草地等农业用地，对于承包地按照本集体经济组织成员人人平等地享有一份的方式进行承包。家庭承包的主要特点如下。

①集体经济组织的每个人，不论男女老少，都平均享有承包本农民集体的土地的权利，除非他自己放弃这个权利。也就是说，这些农村土地对本集体经济组织的成员来说，是人人有份的，任何组织和个人都无权剥夺他人的承包权。

②以户为生产经营单位承包，也就是以一个农户家庭的全体成员作为承包方，与本集体经济组织或者村委会订立一份承包合同，享有合同中约定的权利，承担合同中约定的义务。承包户家庭中的成员死亡的，只要这个承包户还有其他人在，承包关系仍不变，由这个承包户中的其他成员继续承包。

③承包的农村土地对每一个集体经济组织的成员来说是人人有份的。这主要是指耕地、林地和草地，但不限于耕地、林地、草地，凡是本集体经济组织的成员应当人人有份的农村土地，都应当实行家庭承包的方式。

三、土地经营权的具体规定

我国在立法层面首次明确了土地经营权的概念，并清晰地表达了农村土地承包人既可以自己经营，也可以流转其承包地的土地经营权，由他人经营土地的制度设计理念。《农村土地承包法》对土地经营权的具体规定有以下几点。

（1）关于土地经营权与土地承包权的分离　《农村土地承包法》第九条规定："承包方承包土地后，享有土地承包经营权，可以自己经营，也可以保留土地承包权，流转其承包地的土地经营权，由他人经营。”

（2）关于流转土地经营权的方式　《农村土地承包法》第三十六条规定：“承包方可以自主决定依法采取出租（转包）、入股或者其他方式向他人流转土地经营权，并向发包方备案。”《农村土地承包法》第三十八条规定：“土地经营权流转应当依法、自愿、有偿，任何组织和个人不得强迫或者阻碍土地经营权流转；不得改变土地所有权的性质和土地的农业用途，不得破坏农业综合生产能力和农业生态环境；流转期限不得超过承包期的剩余期限；受让方须有农业经营能力或者资质；在同等条件下，本集体经济组织成员享有优先权。”《农村土地承包法》第四十条规定：“土地经营权流转，当事人双方应当签订书面流转合同。承包方将土地交由他人代耕不超过一年的，可以不签订书面合同。”

（3）关于土地经营权的登记　《农村土地承包法》第四十一条规定：“土地经营权流转期限为五年以上的，当事人可以向登记机构申请土地经营权登记。未经登记，不得对抗善意第三人。”

（4）关于土地经营权的融资担保　《农村土地承包法》第四十七条规定：“承包方可以用承包地的土地经营权向金融机构融资担保，并向发包方备案。受让方通过流转取得的土地经营权，经承包方书面同意并向发包方备案，可以向金融机构融资担保。担保物权自融资担保合同生效时设立。当事人可以向登记机构申请登记；未经登记，不得对抗善意第三人。实现担保物权时，担保物权人有权就土地经营权优先受偿。”

第二节　农村土地承包合同

一、农村土地承包合同的定义

2023年颁布的《农村土地承包合同管理办法》第三条规定农村土地承包经营应当依法签订承包合同。

农村土地承包合同是指农村集体经济组织作为发包方，与承包方之间就集体经济组织享有所有权或使用权的土地、山岭、荒地、滩涂等自然资源签订的承包经营合同。

按照承包土地种类的不同，农村土地承包合同可以区分为耕地承包合同、草地承包合同、林地承包合同。这种分类的意义在于，不同种类的土地，法定的承包期限长短不一。对不同性质土地的投资，收益的周期差别也比较大。按照《农村土地承包法》第二十一条规定："耕地的承包期为三十年。草地的承包期为三十年至五十年。林地的承包期为三十年至七十年。前款规定的耕地承包期届满后再延长三十年，草地、林地承包期届满后依照前款规定相应延长。"

签订农村土地承包合同需要注意以下事项。

① 承包方代表姓名要与身份证上的一致。

② 承包土地人口为农户现有人口。

③ 土地承包经营权共有人与承包方代表关系要明确说明，承包期限起始日期为签订合同的现时日期，承包方签章应由承包方加盖私章或者签名并按手印确认。

④ 承包土地地块情况的长、宽可以不填，但是地块面积一定要填，地块"田界"必须准确，具体台账登记不准确地应根据实际情况作出修订。

⑤ 地块地类只分为水田、旱地两类。

⑥ 承包地附着物情况不能漏填、错填，并且需要根据实际情况填写。

二、农村土地承包合同的订立

农村土地承包合同的订立需要有具体的合同条款。双方的权利和义务，除了法律规定的以外，主要由合同条款加以确定。合同条款是否齐备、准确，决定了合同能否成立、生效以及能否顺利履行。主要条款的规定具有提示性与示范性，提倡当事人尽量对合同的这些条款作出明确的约定，以免日后产生纠纷。但并不是指当事人签订的合同中缺少了其中任何一项都会导致合同的不成立或者无效。因此，相关法律规定在行文上用的是"一般包括"的提法。当事人可以根据合同的性质和其他情况，自愿确定合同的内容，即可以不限于这些条款。

《中华人民共和国民法典》规定："合同的内容由当事人约定，一般包括下列条款：当事人的姓名或者名称和住所；标的；数量质量；价款或者报酬；履行期限、地点和方式；违约责任；解决争议的方法。"这些只是一般合同应当具备的条款，但不同的合同，由于类型与性质不同，其主要条款或者必备条款可以是不同的。

《农村土地承包合同管理办法》第十二条对其一般条款作出了规定，以便对土地承包合同的订立起指导和规范的作用。现将承包合同一般条款的内容分述如下。

（1）发包方、承包方的名称，发包方负责人和承包方代表的姓名、住所　这是土地承包合同必须具备的条款。当事人是合同的主体，如果不写明当事人，就无法确定权利的享有者和义务的承担者，发生纠纷也难以解决。因此，要将发包方和承包方的名称或者姓名、住所都写清楚。对于发包方和承包方分别是谁，《农村土地承包法》第十三条和第十六条已分别作出了规定。

（2）承包土地的名称、坐落、面积、质量等级　这是土地承包合同权利义务指向的对象，也是合同的必备条款，否则合同不能成立，承包关系无法建立。其中，土地的坐落是指土地的所在地，土地的质量等级是指土地管理部门依法评定的土地等级是反映土地生产能力的重要指标之一。对于这些内容，合同中要规定细致、清楚，以防止差错，避免纠纷。

（3）承包方家庭成员信息　一般填写承包方家庭成员的姓名、与承包方代表的关系。应当将具有土地承包经营权的全部家庭成员列入，要体现男女平等的原则，切实保护妇女等特殊群体的土地承包权益。家庭成员因出生、收养、结婚或者离婚、死亡等发生变化的，可在承包方家庭成员情况"备注栏"说明。

（4）承包期限和起止日期　承包期限是指承包方依法享有权利，承担义务的期间。期限直接关系到合同权利义务的延续时间，涉及当事人的利益，也是确定合同是否按时履行或者迟延履行的客观依据。由于土地承包期限是法定的，当事人只能在《农村土地承包法》第二十一条规定的范围内确定承包期限。另外，为了确定合同权利义务的具体期间，合同中还要规定合同生效的起止日期。

（5）承包土地的用途　按照《农村土地承包法》的规定承包土地只能用于农业。对“农业”的范围，《中华人民共和国农业法》（以下简称《农业法》）规定，本法所称农业，是指种植业、林业、畜牧业和渔业等产业。根据2019年修正的《中华人民共和国土地管理法》（以下简称《土地管理法》）第十三条第二款规定：“国家所有依法用于农业的土地可以由单位或者个人承包经营，从事种植业、林业、畜牧业、渔业生产。”

（6）发包方和承包方的权利和义务　《农村土地承包法》对发包方和承包方的权利义务分别作出了具体规定。除了这些权利义务之外，双方还应当履行其他法律，如《土地管理法》《农业法》《中华人民共和国森林法》（以下简称《森林法》）《中华人民共和国草原法》（以下简称《草原法》）《中华人民共和国渔业法》（以下简称《渔业法》）等法律中规定的权利义务。当然，当事人还可以在不违反国家法律、行政法规规定的情况下，约定其他的权利义务。

（7）违约责任　违约责任是指承包合同当事人一方或者双方不履行合同或者不适当履行合同，依照法律的规定或者按照当事人的约定，应当承担的法律责任，如支付违约金、赔偿损失等。违约责任是促使当事人履行合同义务，使对方免受或者减少损失的重要法律措施，也是保证合同履行的主要条款。因此，一般有关合同的法律对于违约责任都作出了较为详尽的规定。《农村土地承包法》规定，当事人一方不履行合同义务或者履行义务不符合约定的，应当依法承担违约责任。

承包合同示范文本由农业农村部制定。承包合同自双方当事人签名、盖章或者按指印时成立。

三、农村土地承包合同的变更

农村土地承包合同期限比较长，短的为30年，长的可达70年甚至更久。合同从订立到履行完毕的几十年时间里，国家的政治经济形势都难免发生重大变化，这些变化必然会导致国家土地政策或法律的改变。鉴于此，《农村土地承包法》一方面严格保护土地承包合同的法律效力，维护其严肃性；另一方面在一些特殊情况下，也允许土地承包合同变更。

《农村土地承包法》规定，农村土地承包合同在以下几种情形下可以变更。

（1）自然灾害　在土地承包合同有效期间内，如果发生了重大自然灾害以致严重毁损土地，法律就允许对土地承包合同加以变更。根据《农村土地承包法》第二十八条的规定："承包期内，发包方不得调整承包地。承包期内，因自然灾害严重毁损承包地等特殊情形对个别农户之间承包的耕地和草地需要适当调整的，必须经本集体经济组织成员的村民会议三分之二以上成员或者三分之二以上村民代表的同意，并报乡（镇）人民政府和县级人民政府农业农村、林业和草原等主管部门批准。承包合同约定不得调整的，按照其约定。"

（2）林地承包的承包人死亡　按照《农村土地承包法》第三十二条的规定："承包人应得的承包收益，依照继承法的规定继承。林地承包的承包人死亡的，其继承人可以在承包期内继续承包。"这表明，林地承包合同并不因承包人的死亡而解除，继承人可以在剩余期限内继续承包。这里要特别注意，第一，本条规定只针对林地承包，而不包括其他土地；第二，只有在林地承包人死亡而承包期尚未届满的情况下，才存在继承人继续承包的问题；第三，林地承包只针对家庭承包而不针对家庭承包以外的形式。所谓承包人死亡，是指合同订立后在册的家庭成员全部死亡，并非指家庭任一成员死亡或者在承包合同上签字的家庭成员（如户主）死亡。因此，这里所规定的林地承包继承问题是指订立合同后在册的家庭成员中最后一个死亡的家庭成员的继承人可以在合同期限内继续承包。

（3）特殊林木林地承包期的延长　虽然我国法律按照土地的不同用途规定了严格的承包期限，但是对特殊林木的承包地法律允许延长期限。《农村土地承包法》第二十一条规定："耕地的承包期为三十年。草地的承包期为三十年至五十年。林地的承包期为三十年至七十年。前款规定的耕地承包期届满后再延长三十年，草地、林地承包期届满后依照前款规定相应延长。"这样的规定主要是考虑到林地投资的回报周期比较长，通常需要二三十年甚至更长。有些特殊林木即使在法定的七十年期限内，承包人也难以收回投资收益。如果不区分林木类别一概规定林地的承包期为七十年，对这些承包人就不公平。因此，法律规定，特殊林地的承包期，经国务院林业主管部门批准可以延长。如果获准延长期限，实际上就是改变了原合同规定的期限，因而也属于对原合同的变更。

此外，《农村土地承包合同管理办法》第十三条对农村土地承包合同变更的具体情形进行了规定。承包期内，出现下列情形之一的，承包合同变更。

① 承包方依法分立或者合并的。

② 发包方依法调整承包地的。

③ 承包方自愿交回部分承包地的。

④ 土地承包经营权互换的。

⑤ 土地承包经营权部分转让的。

⑥ 承包地被部分征收的。

⑦ 法律法规和规章规定的其他情形。承包合同变更的，变更后的承包期限不得超过承包期的剩余期限。

四、农村土地承包合同的终止

农村土地承包合同依法订立后并非不可终止，在满足相应条件的情况下可以终止。农村土地承包合同的解除原因包括以下5个方面。

（1）期限届满　我国法律针对不同用途的土地规定了不同的承包最长期限，因此，承包期限届满，承包合同自然应当终止，由发包方收回土地。

（2）土地灭失　土地承包合同的订立和继续应当以土地的存在为前提，如果土地不存在，则法律关系当然消灭。因此，土地灭失是土地承包合同终止的原因。

（3）承包人自愿交回土地　《农村土地承包法》的立法宗旨是保护承包人的土地承包权不受非法侵犯，因此立法的重点从各个不同方面规范发包人以及其他组织的行为，以达到保护承包人的合法权益的目的。虽然法律有关于承包期限的规定，但是这种期限对于发包人具有法律拘束力，而承包人则可以在承包期届满之前，自愿交回所承包的土地。《农村土地承包法》第三十条规定："承包期内，承包方可以自愿将承包地交回发包方……"承包人自愿交回所承包的土地的，承包合同即告终止。

(4) 承包人全家进城落户，转为非农业户口　《农村土地承包法》第二十七条规定："承包期内，承包农户进城落户的，引导支持其按照自愿有偿原则依法在本集体经济组织内转让土地承包经营权或者将承包地交回发包方，也可以鼓励其流转土地经营权。"根据该条规定，承包人进城落户可能会导致合同终止。

(5) 国家征收　《中华人民共和国宪法》(以下简称《宪法》) 规定，国家为了公共利益的需要，可以依照法律规定对土地实行征收或者征用并给予补偿。如果征收涉及已经被承包的土地，则承包合同因为征收而终止。

此外，《农村土地承包合同管理办法》第十四条对农村土地承包合同终止的具体情形进行了规定。承包期内，出现下列情形之一的，承包合同终止。承包方消亡的；承包方自愿交回全部承包地的；土地承包经营权全部转让的；承包地被全部征收的；法律法规和规章规定的其他情形。

五、变更或者终止承包合同提供的材料

承包地被征收、发包方依法调整承包地或者承包方消亡的发包方应当变更或者终止承包合同。

除上述规定的情形外，承包合同变更、终止的，承包方向发包方提出申请，并提交以下材料。变更、终止承包合同的书面申请；原承包合同；承包方分立或者合并的协议，交回承包地的书面通知或者协议，土地承包经营权互换合同、转让合同等其他相关证明材料；具有土地承包经营权的全部家庭成员同意变更、终止承包合同的书面材料；法律法规和规章规定的其他材料。

第三节　农村宅基地政策与法规

一、农村宅基地的定义

农村宅基地是农村村民用于建造住宅及其附属设施的集体建设用

地，包括住房、附属用房和庭院等用地，不包括与宅基地相连的农业生产性用地、农户超出宅基地范围占用的空闲地等土地。

农村宅基地归本集体成员集体所有。《宪法》第十条规定："农村和城市郊区的土地，除由法律规定属于国家所有的以外，属于集体所有；宅基地和自留地、自留山，也属于集体所有。"

二、目前国家对农村宅基地的法律政策规定

目前，国家对农村宅基地管理没有专门性法律法规，相关的法律法规有《宪法》《土地管理法》《中华人民共和国担保法》《中华人民共和国城乡规划法》《不动产登记暂行条例》等。

党中央国务院颁发了一系列政策文件，主要有相关的中央一号文件，国务院批转国家土地管理局《关于加强农村宅基地管理工作请示的通知》（国发〔1990〕4号），《中共中央、国务院关于进一步加强土地管理切实保护耕地的通知》（中发〔1997〕11号），《国务院办公厅关于加强土地转让管理严禁炒卖土地的通知》（国办发〔1999〕39号），《国务院关于深化改革严格土地管理的决定》（国发〔2004〕28号），《国务院关于促进节约集约用地的通知》（国发〔2008〕3号），《中央农村工作领导小组办公室、农业农村部关于进一步加强农村宅基地管理的通知》（中农发〔2019〕11号）等。

国务院有关行政主管部门制发的一系列部门规章和规范性文件，如《国家土地管理局关于印发〈确定土地所有权和使用权的若干规定〉的通知》（〔1995〕国土［籍］字第26号），《国土资源部印发〈关于加强农村宅基地管理的意见〉的通知》（国土资发〔2004〕234号），《国土资源部关于进一步完善农村宅基地管理制度切实维护农民权益的通知》（国土资发〔2010〕28号），《国土资源部、财政部、住房和城乡建设部、农业部、国家林业局关于进一步加快推进宅基地和集体建设用地使用权确权登记发证工作的通知》（国土资发〔2014〕101号），《国土资源部关于进一步加快宅基地和集体建设用地确权登记发证有关问题的通知》（国土资发〔2016〕191号），《农业农村部关于积极稳妥开展农村闲置宅基地和闲置住宅盘活利用工作的通知》（农经发〔2019〕4号），《农业农村部、自然资源部关于规范农村宅基

地审批管理的通知》（农经发〔2019〕6号）等。

各省、自治区、直辖市按照法律和中央的要求，立足本地实际，制定出台的地方性法规、规章和管理文件，共同构成了现行农村宅基地法律政策体系。

三、宅基地的申请

依据《土地管理法》，结合各省（自治区、直辖市）宅基地管理的有关规定，农村村民有下列情况之一的，可以以户为单位申请宅基地。

① 无宅基地的。

② 因子女结婚等原因确需分户而现有的宅基地低于分户标准的。

③ 现住房影响乡（镇）村建设规划，需要搬迁重建的。

④ 符合政策规定迁入村集体组织落户为正式成员且在原籍没有宅基地的。

⑤ 因自然灾害损毁或避让地质灾害搬迁的。

各省（自治区、直辖市）对农户申请宅基地条件有其他规定的，应同时满足其他条件要求。

按照《土地管理法》第六十二条规定："农村村民出卖、出租、赠与住宅后，再申请宅基地的，不予批准。"

四、宅基地申请审批程序

农村宅基地分配实行农户申请、村组审核、乡镇审批。按照《农业农村部、自然资源部关于规范农村宅基地审批管理的通知》（农经发〔2019〕6号），宅基地申请审批流程包括农户申请、村民小组会议讨论通过并公示、村集体经济组织或村民委员会（以下简称村级组织）开展材料审查、乡镇部门审查、报送乡镇政府等环节。没有分设村民小组或宅基地和建房申请等事项已统一由村级组织办理的，农户直接向村级组织提出申请，经村民代表会议讨论通过并在本集体经济组织范围内公示后，由村级组织签署意见，报送乡镇政府。

五、宅基地的保留和继承

进城落户的农民可以依法保留其原来合法取得的宅基地使用权。按照《中共中央、国务院关于坚持农业农村优先发展做好“三农”工作的若干意见》（中发〔2019〕1号）坚持保障农民地权益、不得以退出承包地和宅基地作为农民进城落户条件的规定精神，不能强迫进城落户农民放弃其合法取得的宅基地使用权。在此之前，《国土资源部关于进一步加快宅基地和集体建设用地确权登记发证有关问题的通知》（国土资发〔2016〕191号）规定，农民进城落户后，其原合法取得的宅基地使用权应予以确权登记。

农村宅基地不能继承，农房可以依法继承。农村宅基地所有权、宅基地使用权和房屋所有权相分离，农村宅基地所有权属于农民集体，宅基地使用权和房屋所有权属于农户。宅基地使用权人以户为单位，依法享有占有和使用宅基地的权利。在户内有成员死亡而农户存续的情况下，不发生宅基地继承问题。农户消亡时，权利主体不再存在，宅基地使用权丧失。

六、“房地一体”不动产权证

“房地一体”不动产权证是物权权利归属的凭证。根据《不动产登记暂行条例》《不动产登记暂行条例实施细则》《不动产登记操作规范（试行）》等的规定，将农村宅基地、集体建设用地及其上的建筑物、构筑物实行统一权籍调查和确权登记后统一颁发“房地一体”的不动产权证书。

申请宅基地使用权及房屋所有权首次登记的，应当根据不同情况，提交下列材料。申请人身份证和户口簿；不动产权属证书或者有批准权的人民政府批准用地的文件等权属来源材料；房屋符合规划或者建设的相关材料；权籍调查表、宗地图、房屋平面图以及宗地界址点坐标等有关不动产界址、面积等材料；其他必要材料。

因依法继承、分家析产、集体经济组织内部互换房屋等导致宅基地使用权及房屋所有权发生转移而申请登记的，申请人应当根据不同情况，提交下列材料。不动产权属证书或者其他权属来源材料；依法继承的材料；分家析产的协议或者材料；集体经济组织内部互换房屋的协议；其他必要材料。

七、宅基地使用权纠纷的解决办法

对宅基地使用权纠纷应按下列原则妥善处理。依法保护国家、集体的宅基地所有权；依法保护公民、法人合法取得的宅基地使用权。

根据我国《土地管理法》的规定，对宅基地使用权纠纷的解决办法主要有3种。

（1）协商解决　《土地管理法》第十四条第一款规定："土地所有权和使用权争议，由当事人协商解决；协商不成的，由人民政府处理。"据此规定，发生宅基地纠纷，应当先通过协商的方式解决。

（2）行政解决　《土地管理法》第十四条第二款规定："单位之间的争议，由县级以上人民政府处理；个人之间、个人与单位之间的争议，由乡级人民政府或者县级以上人民政府处理。"

（3）司法解决　《土地管理法》第十四条第三款规定："当事人对有关人民政府的处理决定不服的，可以自接到处理决定通知之日起三十日内，向人民法院起诉。"这表明当事人之间就土地的使用权和所有权归属发生的纠纷，只有按照《土地管理法》第十四条第二款的规定，先经过有关行政机关的处理，对处理决定不服的，才可以向人民法院提起诉讼。否则，人民法院不予受理。但对于侵犯土地的所有权或者使用权的，被侵权人可以不经行政机关的处理，而直接向人民法院起诉。

此外，宅基地纠纷还可以通过人民调解的方式来解决。人民调解是指在人民调解委员会（一般设置在城市的居民委员会和农村的村民委员会）的主持下，以国家的法律、法规、规章、政策和社会公德为依据，对民间纠纷当事人进行说服教育、规劝疏导促进当事人互相谅解、平等协商，从而自愿达成协议，消除纷争的一种群众自治活动。人民调解是现行调解制度的一个重要组成部分，是我国法治建设的一项独特制度。

第三章　农业基本经营制度政策

第一节　农业劳动者个人或家庭作为市场主体的法律制度

随着我国改革开放的深入和市场经济的发展，农业劳动者逐渐以个人或家庭的名义融入了社会主义市场经济的大潮中，在法律上一般称为自然人、个体工商户和农村承包经营户，他们均具有民事主体的法律地位，在经济法上一般称为市场主体。根据《农业法》第三条的规定："国家把农业放在发展国民经济的首位。农业和农村经济发展的基本目标是：建立适应发展社会主义市场经济要求的农村经济体制，不断解放和发展农村生产力，提高农业的整体素质和效益，确保农产品供应和质量，满足国民经济发展和人口增长、生活改善的需求，提高农民的收入和生活水平，促进农村富余劳动力向非农产业和城镇转移，缩小城乡差别和区域差别，建设富裕、民主、文明的社会主义新农村，逐步实现农业和农村现代化。"为了实现这一目标，就需要充分调动和发挥农村市场主体的积极性，合理优化配置农业资源。

一、自然人

自然人是社会活动中与组织相对的一类民事主体，是指在自然状态下出生的人。自然人的范围比公民要广，公民是指具有一个国家国籍的人，自然人不仅包括本国公民、外国公民，还包括无国籍人。农业劳动者可以以自然人身份从事农业生产，作为市场主体活动限于购买农业生产资料和将多余农产品及经济作物在市场上出售。这种活动依照民法进行调整即可，无须单独立法。但是，需要注意自然人的民事权利能力和民事行为能力并不总是一致的，自然人一出生就具有民事权利能力，但其民事行为能力则受其年龄、智力和精神状况的影响。根据《中华人民共和国民法通则》（以下简称《民法通则》）规定："不满10周岁的公民为无民事行为能力人，其民事活动要由其法定代理人代理；已满10周岁不满18周岁的公民为限制民事行为能力人，其民事活动要由其法定代理人代理或征得其法定代理人同意；已满16周岁不满18周岁的公民，以自己的劳动收入为主要生活来源的，视为完全民事行为能力人；已满18周岁的公民为完全民事行为能力人。不能辨认自己行为的精神病人是无民事行为能力人，由他的法定代理人代理民事活动。不能完全辨认自己行为的精神病人是限制民事行为能力人，可以进行与他的精神健康状况相适应的民事活动。"

二、个体工商户

（一）个体工商户的定义

公民在法律允许的范围内，依法经核准登记，从事工商业经营的，为个体工商户。2014年施行的《个体工商户条例》第二条规定："有经营能力的公民，依照本条例规定经工商行政管理部门登记，从事工商业经营的，为个体工商户。个体工商户可以个人经营，也可以家庭经营。个体工商户的合法权益受法律保护，任何单位和个人不得侵害。"

在依法核准登记的范围内，个体工商户享有从事个体工商业经营的民事权利能力和民事行为能力。个体工商户的正当经营活动受法律保护，对其经营的资产和合法收益，个体工商户享有所有权。个体工商户可以在银行开设账户，向银行申请贷款，有权申请商标专用权，有权签订劳动合同及请帮工、带学徒，还享有起字号、刻印章的权利。

个体工商户从事生产经营活动必须遵守国家的法律，应照章纳税，服从工商行政管理。个体工商户从事违法经营的，必须承担民事责任和其他法律责任。

（二）个体工商户的登记

《个体工商户条例》第三条规定："县、自治县、不设区的市、市辖区工商行政管理部门为个体工商户的登记机关（以下简称登记机关）。登记机关按照国务院工商行政管理部门的规定，可以委托其下属工商行政管理所办理个体工商户登记。”第八条规定申请登记为个体工商户，应当向经营场所所在地登记机关申请注册登记。《个体工商户条例》第四条规定：“国家对个体工商户实行市场平等准入、公平待遇的原则。申请办理个体工商户登记，申请登记的经营范围不属于法律、行政法规禁止进入的行业的，登记机关应当依法予以登记。”《个体工商户条例》第八条第二款规定：“个体工商户登记事项包括经营者姓名和住所、组成形式、经营范围、经营场所。个体工商户使用名称的，名称作为登记事项。”对于个体工商户名称管理，适用《个体工商户名称登记管理办法》。这里要注意两点，一是个体工商户名称是或然的，也就是说，个体工商户可以有名称，也可以没有名称，这与作为组织的市场主体有所不同；二是名称预先核准问题，涉及前置许可的，要名称预先核准。

（三）开业登记

《个体工商户条例》第八条第一款规定：“申请登记为个体工商户，应当向经营场所所在地登记机关申请注册登记。申请人应当提交登记申请书、身份证明和经营场所证明。”《个体工商户登记管理办法》第十四条进一步做了明确和细化：“申请个体工商户开业登记，应当提交下列文件。申请人签署的个体工商户开业登记申请书；申请人身份证明；经营场所证明；国家市场监督管理总局规定提交的其他文件。”

（四）个体工商户经营行为的规范

《个体工商户条例》主要作了以下几方面的规定。

① 工商行政管理部门和县级以上人民政府其他有关部门应当依法对个体工商户实行监督和管理。个体工商户从事经营活动，应当遵守法律法规，遵守社会公德、商业道德，诚实守信，接受政府及有关部门依法实施的监督。

② 为维护个体工商户招用从业人员的权益，规定个体工商户应当依法与招用的从业人员订立劳动合同，履行法律、行政法规规定和合

同约定的义务，不得侵害从业人员的合法权益。

③ 对个体工商户违反本条例规定的行为规定了相应的法律责任。如：个体工商户提交虚假材料骗取注册登记，或者伪造、涂改、出租、出借、转让营业执照的，由登记机关责令改正，处4000元以下的罚款；情节严重的，撤销注册登记或者吊销营业执照；个体工商户未办理税务登记的，由税务机关责令限期改正；逾期未改正的，经税务机关提请，由登记机关吊销营业执照。

（五）变更登记和注销登记

《个体工商户条例》第十条规定："个体工商户登记事项变更的，应当向登记机关申请办理变更登记。个体工商户变更经营者的，应当在办理注销登记后，由新的经营者重新申请办理注册登记。"个体工商户登记事项变更，未办理变更登记的，由登记机关责令改正，处1500元以下的罚款；情节严重的，吊销营业执照。《个体工商户条例》第十二条规定："个体工商户不再从事经营活动的，应当到登记机关办理注销登记。"

三、农村承包经营户

（一）农村承包经营户的定义

根据《民法通则》规定，农村集体经济组织的成员，在法律允许的范围内，按照承包合同规定从事商品经营的，为农村承包经营户。

（二）农村承包经营户的法律特征

农村承包经营户具有如下法律特征。

1. 农村承包经营户是农村集体经济组织的成员

农村承包经营户是农村集体经济的一个经营层次，所以，农村承包经营户一般为农村集体经济组织的成员。农村承包经营户是由作为农村集体经济组织的成员的一人或多人所组成的农户，但它和以往的农户不同，农村承包经营户是在推行联产承包责任制中，通过承包合同的形式，把农民家庭由生活单位变成了生产和生活相结合的单位所产生的。在承包合同中，一方是集体经济组织，另一方是承包经营户，他们或者是本组织的内部成员，或者是非本组织的内部成员，但他们都是农村集体经济组织的成员。

2. 农村承包经营户以农户的名义从事承包经营

农村承包经营户的“户”，可以是一人经营，也可以是家庭经营，但须以户的名义进行经营活动。

3. 农村承包经营户依照承包合同的规定从事经营

农村承包合同是农村集体经济组织与农村承包经营户之间，为完成某项农业生产任务所签订的协议，包括书面合同、口头合同、任务下达书以及其他能够证明承包关系的事实和文件。

农村承包经营户是通过承包合同产生的，其所利用的是集体的资源。根据承包合同，集体经济组织的大部或全部生产资料要转归承包经营户占有、使用和收益，承包经营户享有合法的经营权。在合同规定的范围内，承包经营户自主地安排生产计划、作物布局、增产措施，并统一支配户内劳动力，组织生产协作，独立或相对独立地完成生产任务。承包经营户也要承担经营风险，若违反了承包合同，要承担财产责任。承包经营户依据合同享有权利，也应依据合同承担义务。

4. 农村承包经营户必须在法律允许的范围内，从事生产和经营活动

农村承包经营户承包集体所有的生产资料，从事生产和经营活动时，必须符合国家法律和政策的规定。从事承包经营的家庭或个人，对于承包的生产资料不享有所有权，只享有经营权。任何人不得买卖土地，不得在承包地上建房、起土、造坟、建坟，更不得哄抢、私分属于集体或国家的财产。对于少数承包经营户因经营不善造成土地荒芜或地力严重下降的，所有权人有权进行干涉或给予惩罚，直至收回土地。

(三) 农村承包经营户的法律地位

农村承包经营户的法律地位，是指农村承包经营户由法律规定的对内、对外的权利、义务关系。

(1) 农村承包经营户具有经济组织所享有的全部权利、独立承担

其全部义务。包括享有财产所有权、所承包土地及其他生产资料的占有使用权、生产经营计划权、产品收益分配权、雇工权、土地转包权、银行开户权和借款权等广泛的民事权利。《民法通则》第二十八条对此作了规定："农村承包经营户的各项民事权益，受法律保护。"

（2）农村承包经营户在其合同财产范围内，享有对土地、山林、水面、滩涂等生产资料的生产经营权等各项权利。《农业法》第十二条至第十九条对农村承包经营户的各项生产经营权利做了具体的法律规定："个人或集体的承包经营权，受法律保护。承包方承包荒山荒地造林的，按照森林法的规定办理。""国家保护农村承包经营户的合法财产不受侵犯。""农村承包经营户有权拒绝不符合法律法规、政策规定的收费、摊派和集资。"

（3）农村承包经营户民事主体法律地位，是自签订农业承包合同时产生的，农村承包经营户是与发包方（集体经济组织、村民委员会）具有平等权利义务关系的民事主体。双方在农业承包合同的基础上平等地享有合同约定的及法律规定的各项民事权利，平等地履行合同约定的及法律规定的各项民事义务。

第二节 乡镇企业法律制度

一、乡镇企业的概念和特点

乡镇企业是指农村集体经济组织或者农民投资为主，在乡镇（包括所辖村）举办的承担支援农业义务的各类企业。乡镇企业是中国乡镇地区多形式、多层次、多门类、多渠道的合作企业和个体企业的统称，包括乡镇办企业、村办企业、农民联营的合作企业、其他形式的合作企业和个体企业等。乡镇企业符合企业法人条件的，依法取得企业法人资格。

乡镇企业是独立自主的经济实体，具有如下特点。产供销活动主要靠市场调节；职工大都实行亦工亦农的劳动制度和灵活多样的分配制度；与周围农村联系密切，便于利用本地各种资源；分布点多、面广，便于直接为各类消费者服务；经营范围广泛，几乎涉及各行各业；规模较小，能比较灵活地适应市场需求的不断变化；在现阶段大多是劳动密集型的经济组织，技术设备比较简陋，能容纳大量农村剩余劳动力。这些特点使得乡镇企业具有极大的适应性和顽强的生命力，也具有较大的盲目性和不稳定性，劳动生产率一般都比较低。

二、乡镇企业的地位、任务和作用

乡镇企业是农村经济的重要支柱和国民经济的重要组成部分。乡镇企业依法实行独立核算，自主经营，自负盈亏。具有企业法人资格的乡镇企业，依法享有法人财产权。

乡镇企业的主要任务是，根据市场需要发展商品生产，提供社会服务，增加社会有效供给，吸收农村剩余劳动力，提高农民收入，支援农业，推进农业和农村现代化，促进国民经济和社会事业发展。

20 世纪 80 年代以来，中国乡镇企业获得迅速发展，对充分利用乡村地区的自然及社会经济资源，向生产的深度和广度进军，对促进乡村经济繁荣和人们物质文化生活水平的提高，改变单一的产业结构，吸收数量众多的乡村剩余劳动力，以及改善工业布局、逐步缩小城乡差别和工农差别，建立新型的城乡关系均具有重要意义。

三、乡镇企业出现的原因

乡镇企业的前身是在改革开放前即已存在于中国农村的社队企业。1978 年，全国社队企业的数量已经达到 152 万个，有 2827 万农村劳动力在企业中就业。随着农村改革的启动和逐步推进，社队企业的发展环境逐步宽松，一些鼓励农村发展非农经济的措施纷纷出台。1984 年 3 月，社队企业的提法正式更名为“乡镇企业”。到 20 世纪 90 年代中期，乡镇企业进入其发展的黄金时期，在乡镇企业就业的劳动力更是占农村劳动力的近 30%。此时，乡镇企业不仅成为农村经济中的一支重要力量，也为整个国民经济的发展作出了重要贡献。

乡镇企业的出现既和农村经济环境的变化有关，也得益于城乡关系的转变。农村改革导致的技术效率释放，以及随后的农业要素投入的边际递减使乡镇企业获得了充足的劳动力来源；农业产出水平和农民收入的增加，使乡镇企业的发展得到了获取资金的渠道，也为以轻工业为主的乡镇企业的发展提供了充足的原材料来源。

更重要的一点是，在农村经济体制率先改革的初期，城乡经济体制改革相对滞后，以国有企业为主的传统经济体制并没有形成市场化的预算硬约束机制，也没有形成和乡镇企业对资金、原材料和产品市场的竞争。在发展乡镇企业可以稳定农村经济、为农业剩余劳动力提供就业机会、增加农民收入，而又不触及城市经济利益的情况下，自然也就可以迎来乡镇企业发展的黄金时期。

四、乡镇企业的管理制度

乡镇企业按照法律、行政法规规定的企业形式设立，投资者依照有关法律、行政法规决定企业的重大事项，建立经营管理制度，依法享有权利和承担义务。

① 乡镇企业依法实行民主管理，投资者在确定企业经营管理制度和企业负责人，作出重大经营决策和决定职工工资、生活福利、劳动保护、劳动安全等重大问题时，应当听取本企业工会或者职工的意见，实施情况要定期向职工公布，接受职工监督。

② 乡镇企业应当按照市场需要和国家产业政策，合理调整产业结构和产品结构，加强技术改造，不断采用先进的技术、生产工艺和设备，提高企业经营管理水平。

③ 创办乡镇企业，其建设用地应当符合土地利用总体规划，严格控制、合理利用和节约使用土地，凡有荒地、劣地可以利用的，不得占用耕地、好地。创办乡镇企业使用农村集体所有的土地的，应当依照法律法规的规定，办理有关用地批准手续和土地登记手续。乡镇企业使用农村集体所有的土地，连续闲置两年以上或者因停办闲置一年以上的，应当由原土地所有者收回该土地使用权，重新安排使用。

④ 乡镇企业应当依法合理开发和使用自然资源。乡镇企业从事矿产资源开采，必须依照有关法律规定，经有关部门批准，取得采矿许可证、生产许可证，实行正规作业，防止资源浪费，严禁破坏资源。

⑤ 乡镇企业应当按照国家有关规定，建立财务会计制度，加强财务管理，依法设置会计账册，如实记录财务活动。

⑥ 乡镇企业应当加强产品质量管理，努力提高产品质量；生产和

销售的产品必须符合保障人体健康、保障人身、财产安全的国家标准和行业标准；不得生产、销售失效、变质产品和国家明令淘汰的产品；不得在产品中掺杂、掺假，以假充真，以次充好。

⑦ 乡镇企业应当依法使用商标，重视企业信誉；按照国家规定，制作所生产经营的商品标志，不得伪造产品的产地或者伪造、冒用他人厂名、厂址和认证标志、名优标志。

⑧ 乡镇企业必须遵守有关环境保护的法律法规，按照国家产业政策，在当地人民政府的统一指导下，采取措施，积极发展无污染、少污染和低资源消耗的企业，切实防治环境污染和生态破坏，保护和改善环境。

⑨ 乡镇企业必须遵守有关劳动保护、劳动安全的法律法规，认真贯彻执行安全第一、预防为主的方针，采取有效的劳动卫生技术措施和管理措施，防止生产伤亡事故和职业病的发生；对危害职工安全的事故隐患，应当限期解决或者停产整顿。严禁管理者违章指挥、强令职工冒险作业。发生生产伤亡事故，应当采取积极抢救措施，依法妥善处理，并向有关部门报告。

⑩ 乡镇企业违反国家产品质量、环境保护、土地管理、自然资源开发、劳动安全、税收及其他有关法律法规的，除依照有关法律法规处理外，在其改正之前，应当根据情节轻重停止其享受法律规定的部分或者全部优惠。

五、国家对乡镇企业的鼓励和优惠政策

国务院乡镇企业行政管理部门和有关部门按照各自的职责对全国的乡镇企业进行规划、协调、监督、服务；县级以上地方各级人民政府乡镇企业行政管理部门和有关部门按照各自的职责对本行政区域内的乡镇企业进行规划、协调、监督、服务。国家对乡镇企业积极扶持、合理规划、分类指导、依法管理。国家鼓励和重点扶持经济欠发达地区、少数民族地区发展乡镇企业，鼓励经济发达地区的乡镇企业或者其他经济组织采取多种形式支持经济欠发达地区和少数民族地区举办乡镇企业。国家保护乡镇企业的合法权益；乡镇企业的合法财产不受侵犯。任何组织或者个人不得违反法律、行政法规干预乡镇企业

的生产经营，撤换企业负责人；不得非法占有或者无偿使用乡镇企业的财产。

国家根据乡镇企业发展的情况，在一定时期内对乡镇企业减征一定比例的税收。减征税收的税种、期限和比例由国务院规定。国家对符合下列条件之一的中小型乡镇企业，根据不同情况实行一定期限的税收优惠。

① 集体所有制乡镇企业开办初期经营确有困难的。

② 设立在少数民族地区、边远地区和贫困地区的。

③ 从事粮食、饲料、肉类的加工、贮存、运销经营的。

④ 国家产业政策规定需要特殊扶持的。

国家运用信贷手段，鼓励和扶持乡镇企业发展。对于符合上述规定条件之一并且符合贷款条件的乡镇企业，国家有关金融机构可以给予优先贷款，对其中生产资金困难且有发展前途的可以给予优惠贷款。

县级以上人民政府依照国家有关规定，可以设立乡镇企业发展基金。基金由下列资金组成。

① 政府拨付的用于乡镇企业发展的周转金。

② 乡镇企业每年上缴地方税金增长部分中一定比例的资金。

③ 基金运用产生的收益。

④ 农村集体经济组织、乡镇企业、农民等自愿提供的资金。

乡镇企业发展基金专门用于扶持乡镇企业发展，其使用范围如下。

① 支持少数民族地区、边远地区和贫困地区发展乡镇企业。

② 支持经济欠发达地区、少数民族地区与经济发达地区的乡镇企业之间进行经济技术合作和举办合资项目。

③ 支持乡镇企业按照国家产业政策调整产业结构和产品结构。

④ 支持乡镇企业进行技术改造，开发名特优新产品和生产传统手工艺产品。

⑤ 发展生产农用生产资料或者直接为农业生产服务的乡镇企业。

⑥ 发展从事粮食、饲料、肉类的加工、贮存、运销经营的乡镇企业。

⑦ 支持乡镇企业职工的职业教育和技术培训。

⑧ 其他需要扶持的项目。

国家积极培养乡镇企业人才，鼓励科技人员、经营管理人员及大中专毕业生到乡镇企业工作，通过多种方式为乡镇企业服务。乡镇企业通过多渠道、多形式培训技术人员、经营管理人员和生产人员，并采取优惠措施吸引人才。国家采取优惠措施，鼓励乡镇企业同科研机构、高等院校、国有企业及其他企业、组织之间开展各种形式的经济技术合作。

第三节　农民专业合作社法

一、农民专业合作社的概念和地位

农民专业合作社是在农村家庭承包经营基础上，同类农产品的生产经营者或者同类农业生产经营服务的提供者、利用者，自愿联合、民主管理的互助性经济组织。农民专业合作社以其成员为主要服务对象，提供农业生产资料的购买，农产品的销售、加工、运输、贮藏以及与农业生产经营有关的技术、信息等服务。

目前调整农民专业合作社的法律文件是《中华人民共和国农民专业合作社法》(以下简称《农民专业合作社法》)，该法自 2007 年 7 月 1 日起施行。依法成立的农民专业合作社可以取得法人身份。农民专业合作社依照本法登记，取得法人资格。农民专业合作社对由成员出资、公积金、国家财政直接补助、他人捐赠以及合法取得的其他资产所形成的财产，享有占有、使用和处分的权利，并以上述财产对债务承担责任。农民专业合作社成员以其账户内记载的出资额和公积金份额为限对农民专业合作社承担责任。国家保护农民专业合作社及其成员的合法权益，任何单位和个人不得侵犯。

二、农民专业合作社应遵循的原则

农民专业合作社应当遵循下列原则。

① 成员以农民为主体。

② 以服务成员为宗旨，谋求全体成员的共同利益。

③ 入社自愿、退社自由。

④ 成员地位平等，实行民主管理。

⑤ 盈余主要按照成员与农民专业合作社的交易量（额）比例返还。

三、农民专业合作社的设立和登记

依据《农民专业合作社法》，设立农民专业合作社，应当具备下列条件。

① 有五名以上符合规定的成员。

② 有符合本法规定的章程。

③ 有符合本法规定的组织机构。

④ 有符合法律、行政法规规定的名称和章程确定的住所。

⑤ 有符合章程规定的成员出资。

设立农民专业合作社应当召开由全体设立人参加的设立大会。设立时自愿成为该社成员的人为设立人。设立大会行使下列职权：通过本社章程，章程应当由全体设立人一致通过；选举产生理事长、理事、执行监事或者监事会成员；审议其他重大事项。农民合作社章程应当载明下列事项。

① 名称和住所。

② 业务范围。

③ 成员资格及入社、退社和除名。

④ 成员的权利和义务。

⑤ 组织机构及其产生办法、职权、任期、议事规则。

⑥ 成员的出资方式、出资额。

⑦ 财务管理和盈余分配、亏损处理。

⑧ 章程修改程序。

⑨ 解散事由和清算办法。

⑩ 公告事项及发布方式。

⑪ 需要规定的其他事项。

设立农民专业合作社，应当向工商行政管理部门提交下列文件，申请设立登记。

① 登记申请书。

② 全体设立人签名、盖章的设立大会纪要。

③ 全体设立人签名、盖章的章程。

④ 法定代表人、理事的任职文件及身份证明。

⑤ 出资成员签名、盖章的出资清单。

⑥ 住所使用证明。

⑦ 法律、行政法规规定的其他文件。

登记机关应当自受理登记申请之日起二十日内办理完毕，向符合登记条件的申请者颁发营业执照。农民专业合作社法定登记事项变更的，应当申请变更登记。农民专业合作社登记办法由国务院规定。办理登记不得收取费用。

四、国家对农民专业合作社的扶持政策

农民专业合作社从事生产经营活动，应当遵守法律、行政法规，遵守社会公德、商业道德，诚实守信。国家通过财政支持、税收优惠和金融、科技、人才的扶持以及产业政策引导等措施，促进农民专业合作社的发展。国家鼓励和支持社会各方面力量为农民专业合作社提供服务。县级以上各级人民政府应当组织农业行政主管部门和其他有关部门及有关组织，依照本法规定，依据各自职责，对农民专业合作社的建设和发展给予指导、扶持和服务。

国家支持发展农业和农村经济的建设项目，可以委托和安排有条件的有关农民专业合作社实施。中央和地方财政应当分别安排资金，支持农民专业合作社开展信息、培训、农产品质量标准与认证、农业生产基础设施建设、市场营销和技术推广等服务。对民族地区、边远地区和贫困地区的农民专业合作社和生产国家与社会急需的重要农产品的农民专业合作社给予优先扶持。

国家政策性金融机构应当采取多种形式，为农民专业合作社提供多渠道的资金支持。国家鼓励商业性金融机构采取多种形式，为农民专业合作社提供金融服务。农民专业合作社享受国家规定的对农业生产、加工、流通、服务和其他涉农经济活动相应的税收优惠。

第四节　农业社会化服务体系

一、农业社会化服务体系的概念

农业社会化服务是指为农业生产经营各环节提供必要的经营条件，保证农业生产经营活动顺利进行的社会性活动。社会化服务是农业生产正常进行的保障，可以有效地提高农业生产抗御风险的能力。农业社会化服务体系是为农业、农村和农民生产生活服务的一系列社会组织与服务体制的总称。农村社会化服务体系是农村商品经济和社会分工发展到一定阶段的产物，是在市场经济条件下，伴随着农村社会化服务业的发展，为适应农民生产、生活社会化趋势而逐渐形成和发展起来的。农业社会化服务体系运用社会各方面力量，使经营规模相对较小的农业生产单位，适应市场经济体制的要求，克服自身规模较小的弊端，从而获得大规模生产效益。社会化服务体系可以有效地解决农户家庭难以解决的经营问题，更好地与市场联系，不断提高农业生产经营的专业化水平。完善的社会化服务体系是现代农业所具有的重要特征和优势之一，并已成为农业和农村经济发展的重要保障。

二、农业社会化服务体系的具体内容

农业社会化服务体系由各个子系统组成，具体包括如下。

（一）农业科技服务体系

农业科技服务的公益性特征，使之成为各部门服务农业的重点领域。农业科技服务体系既有相对独立的农业科研体系、农业教育体系、农业技术推广体系，同时又融于农业社会化服务体系的各个领域。由于农业科技服务体系的业务分别属于不同的行政部门主管，各部门关心支持农业，对于农业发展起到积极的促进作用。但也出现了各部门自成体系、重复建设、资源利用不合理的问题，需要加强农科教结合、产学研结合，充分发挥党和政府有关部门在农业科技服务中的组织领导作用，科技教育单位的科技支撑作用。

（二）农业基础设施服务体系

政府或国有企业应投资建设大中型项目，如乡村公路、电力、大中型水利设施等与农业相关的基础设施，由相关行业部门直接管理或政府委托有关单位维护管理和服务，列入财政预算支撑运行。鼓励社会力量投资建设经营性项目。小型农业基础设施项目以租赁、承包经营为主。如小型水库、排灌站、渠道管理维护、大型农机具等农业设施，一般是政府出资，或政府出资与农民投工、出资相结合兴建或购置，具有公益性质。这些设施不由管理者实行有偿服务，政府有关部门实施监督管理。分散到户的农业基础设施，实行自主经营管理，有偿服务。

（三）农业生产服务体系

农业生产过程中的社会化服务，除公益性科技服务外，耕地、播种、灌溉、防治病虫害、收割等大量的生产服务是通过市场化运作完成。这些市场化生产服务，也需要政府的扶持和帮助。如通过农机购置补贴政策，帮助种植养殖大户、农民专业合作社、提高农业生产服务的组织规模和效益等。

（四）农村经营管理服务体系

农村经营管理服务体系建设必须把服务“三农”作为立足点和出发点，把有效履行职能作为推进农村经营管理服务体系建设的关键点，把改革创新作为推进农村经营管理服务体系建设的着力点，围绕深化行政管理体制改革，科学设置机构，合理配置职权，不断提高服务能力和水平。行政部门负责制定政策、行政监管和宏观指导等职能，把土地承包经营权流转管理和服务、农村集体“三资”和财务管理、农村产权交易、农民专业合作社服务等业务性工作交由事业单位或企业承担。

（五）农村商品流通服务体系

建立新型农村商品流通体系，就要增加农村商品流通的渠道，发挥农业生产企业和农民专业合作社对农户的带动作用，并增强农户与经销商谈判的能力和在市场交易中的话语权，提高整个体系的活力和效率。

（六）农村金融服务体系

农村金融机构之间应强化分工和合作，以满足不同层次的金融服务需求。从我国的实际情况出发，银行资金实力雄厚，重点发放额度较大的项目贷款；新型农村金融机构融资比较困难，资金实力不强，重点经营小额贷款；农民合作社开展信用合作，重点为合作社成员解决小额资金互助问题。

（七）社会化农村信息服务体系

农村信息服务体系呈现出农村信息服务内容多样化、服务手段现代化、服务渠道社会化的趋势。农业生产技术信息、国家政策信息、农产品供求和价格信息等的选择性获取，正在从单纯的被动接受型，向手机、网络互动型转变。

（八）农产品质量安全体系

农产品质量安全体系应当以政府为主导，各部门各司其职，社会各方面参与管理、认证、检测等社会化服务，实行委托制度或准入制度，同时加强农产品质量安全预警和快速处理并接受媒体和社会监督。

第四章　农产品质量安全政策

第一节　农产品质量安全政策目标

在一定的历史时期，政策的目标是相对稳定的，即不随着人们主观意识的变化而变化。农产品质量安全政策的目标是指农产品质量安全政策所要解决的现实问题以及所要实现的期望状态。根据我国实际情况，我国先后制定了《质量发展纲要（2011—2020年）》《“十三五”全国农产品质量安全提升规划》等政策性文件。在这些政策性文件中，明确了农产品质量安全政策的目标、任务。通过梳理和分析中国农产品质量安全相关政策，发现其目标主要在于以下3个方面。

一、提高农产品质量安全水平，确保农业生产发展

20世纪90年代末，我国农产品供应出现了历史性的变化，农业发展不仅注重数量增长，更关注质量提升，进入了增加数量和提升质量的新阶段。与此同时，社会上出现了影响较大的食品安全事件，如“孔雀石绿”事件、“三聚氰胺”事件、“皮革奶”事件等。人们对农产品质量安全问题的关注度与日俱增，政府也开始致力于农产品质量安全政策及相关法律法规的完善。2007年中央一号文件强调，要建立农产品质量可追溯制度、农资流通企业信用档案制度和质量保障赔偿机制。2009年、2013年和2015年的中央一号文件都强调了农产品质量安全政策中的全程监管政策。随后，《我国质量兴农工作的总体形势及工作重点》中提出，关于农产品质量安全工作的开展，可以从抓基层、重追溯、严监管等方面入手，对标准化政策、全程监管政策也提出了新要求，以利于农产品质量安全政策的完善。由此可知，提升农业生产力水平，确保农业生产发展，是农产品质量安全政策的目标之一。农产品质量安全水平的提升、农产品有效供给的保障，需要提

升源头控制，标准化生产、品牌带动、风险防控、农产品质量安全监管这五大能力，贯彻“四个最严”，即最严谨的标准、最严格的监管、最严厉的处罚、最严肃的问责。《全国农业现代化规划（2016—2020年）》提出，要通过提升源头控制、标准化生产、品牌带动、风险防控与农产品质量安全监管等五大能力来确保农产品质量安全，最终提升农业生产力水平，保障农业生产发展。在《2017年农产品质量安全工作要点》一文中，农业部办公厅阐述了绿色优质农产品供给的重要性，提出要提升农业生产力水平，保证农业生产发展。可见，增加农产品的有效供给，保障农产品质量安全，最终也要落脚到提升农业生产力水平，确保农业生产发展的目标上来。

二、保障农产品质量安全，维护人民生命健康

根据2006年以来中央发布的系列一号文件可知，提升农产品质量安全水平，保障农产品质量安全，维护人民生命健康，一直是农产品质量安全政策的目标之一。保障人民群众吃上安全放心的农产品，是党和政府维护广大人民群众整体利益的重点体现。2006年中央一号文件中突出强调，特色农业和生态农业发展的目的，就是为了生产优质安全绿色农产品，从而保障农产品的质量安全及人民群众的生命健康安全。2007年中央一号文件提出，通过对农产品产地环境的保护和产品质量的检验检测，加强“三品一标”建设，形成一批知名品牌，确保人民群众“舌尖上的安全”。2015年中央一号文件强调，不仅要重视名特优新农产品的发展，而且要关注知名品牌的培育，在农产品生产销售的过程中去培养农产品生产者、经营者和销售者的品牌意识，既能提升人民群众的幸福感，也利于农产品质量安全的保障及人民群众“舌尖上的安全”。

三、保障农产品质量安全，提高农民收入水平

增加农民收入，提升农业生产力水平，确保农业生产发展；保障农产品质量安全，维护人民生命健康，是农产品质量安全政策的两大目标。此外，增加农民收入也是农产品质量安全政策的重要目标。2004年中央一号文件中提出，按照“高产、优质、高效、生态、安

全”这十个字的要求，走精细化、集约化、产业化的道路。这正是传统农业向现代农业的转型探索，其目的是提高农业生产效益和增加农民收入，从而保障农产品的质量安全。2015年中央一号文件特别强调，做强农业，必须实现农业发展方式的转变，以增加农民收入，提高农民生活水平，促进农产品质量安全，推动农业农村经济社会健康发展。2016年中央一号文件要求，以农业发展方式的转变为切入点，其目的仍然是要实现农业发展稳定性的提高和农民收入的增加。从以上中共中央发布的系列一号文件所规定的内容可知，我国农产品质量安全政策有一个重要目标，即增加农民收入。

第二节　农产品质量安全政策内容

农产品安全生产直接关系人类的健康和安全，是农产品质量安全的前提和保障。在农业生产中，农药、兽药、化肥、饲料等农业化学投入品的使用是保证农业丰收和农产品优质的重要手段。但是，片面地追求产量，不科学地使用农药等农业化学投入品会严重污染食物，在威胁人类健康的同时还会造成严重的环境污染。因此，农产品安全生产不但要保障农产品的安全，还离不开对农业投入品的监督和管理。

一、农产品安全生产的内涵

《辞海》中将“安全生产”解释为：“为预防生产过程中发生人身、设备事故，形成良好劳动环境和工作秩序而采取的一系列措施和行动”。概括地说，安全生产是指采取一系列措施，使生产过程在符合规定的物质条件和工作秩序下进行，有效消除或控制危险、有害因素，避免人身伤亡和财产损失等生产事故发生，从而保障人员安全与健康、设备和设施免受损坏、环境免遭破坏，使生产经营活动得以顺利进行的一种状态。安全生产是安全与生产的统一，其宗旨是以安全促进生产，生产必须安全。

农业领域的安全生产就是农产品安全生产。农产品安全生产是指在农产品生产过程中，生产者采取符合法律法规要求和国家或相关行业标准的农事操作，以保证农产品质量的安全、生产者的安全和生产环境的安全。

要确保农产品质量安全，就要遵循“从农田到餐桌”的全程质量控制理念，在农产品生产的产前、产中和产后各个阶段，针对影响和制约农产品质量安全的关键环节和因素，采取物理、化学和生物等技术措施和管理手段，对农产品生产、贮运、加工包装等全部活动和过程中危及农产品质量安全的关键点进行有效控制。

二、农业投入品管理

农产品生产过程中使用或添加的物质，即农业投入品。农业投入品直接关系到农产品的产量，直接影响到农产品的质量。对农产品质量安全影响较大的投入品主要是农药、兽药、肥料、饲料和饲料添加剂。为保障农产品质量安全，应按照《农药管理条例》《兽药管理条例》《肥料管理条例》《饲料和饲料添加剂管理条例》等法律法规的规定，对农药、兽药、肥料，以及饲料和饲料添加剂的生产、经营、使用加强监督管理。

（一）农药管理

1. 农药登记管理

《农药登记管理办法》第十一条规定：“申请人提供的相关数据或者资料，应当能够满足风险评估的需要，产品与已登记产品在安全性、有效性等方面相当或者具有明显优势。对申请登记产品进行审查，需要参考已登记产品风险评估结果时，遵循最大风险原则。”第十五条规定：“申请人应当提交产品化学、毒理学、药效、残留、环境影响等试验报告、风险评估报告、标签或者说明书样张、产品安全数据单、相关文献资料、申请表、申请人资质证明、资料真实性声明等申请资料。农药登记申请资料应当真实、规范、完整、有效，具体要求由农业农村部另行制定。”

2. 农药使用管理

《农药管理条例实施办法》第二十六条规定：“各级农业技术推广部门应当指导农民按照《农药安全使用规定》和《农药合理使用准

则》等有关规定使用农药，防止农药中毒和药害事故发生。”第二十八条规定：“农药使用者应当确认农药标签清晰，农药登记证号或者农药临时登记证号、农药生产许可证号或者生产批准文件号齐全后方可使用农药。农药使用者应当严格按照产品标签规定的剂量、防治对象、使用方法、施药适期、注意事项施用农药，不得随意改变。”

《农药管理条例》第三十条规定：“县级以上人民政府农业主管部门应当加强农药使用指导、服务工作，建立健全农药安全、合理使用制度，并按照预防为主、综合防治的要求，组织推广农药科学使用技术，规范农药使用行为。林业、粮食、卫生等部门应当加强对林业、储粮、卫生用农药安全、合理使用的技术指导，环境保护主管部门应当加强对农药使用过程中环境保护和污染防治的技术指导。”第三十四条规定：“农药使用者应当严格按照农药的标签标注的使用范围、使用方法和剂量、使用技术要求和注意事项使用农药，不得扩大使用范围、加大用药剂量或者改变使用方法。农药使用者不得使用禁用的农药。标签标注安全间隔期的农药，在农产品收获前应当按照安全间隔期的要求停止使用。剧毒、高毒农药不得用于防治卫生害虫，不得用于蔬菜瓜果、茶叶、菌类、中草药材的生产，不得用于水生植物的病虫害防治。”

3. 农药监督管理

《农药管理条例实施办法》第三十二条规定：“农业行政主管部门有权按照规定对辖区内的农药生产、经营和使用单位的农药进行定期和不定期监督、检查，必要时按照规定抽取样品和索取有关资料，有关单位和个人不得拒绝和隐瞒。农药执法人员对农药生产、经营单位提供的保密技术资料，应当承担保密责任。”第三十三条规定：“对假农药、劣质农药需进行销毁处理的，必须严格遵守环境保护法律、法规的有关规定，按照农药废弃物的安全处理规程进行，防止污染环境；对有使用价值的，应当经省级以上农业行政主管部门所属的农药检定机构检验，必要时要经过田间试验，制订使用方法和用量。”

4. 农药包装废弃物管理

《农药包装废弃物回收处理管理办法》已于 2020 年 7 月 31 日经

农业农村部第11次常务会议审议通过，并经生态环境部同意予以公布，自2020年10月1日起施行。为了防治农药包装废弃物污染，保护生态环境，应当做好农药包装废弃物的管理工作。

（1）加强组织领导 加强农药包装废弃物的回收处置是改善农村人居环境、保障农业生态环境安全和农产品质量安全的现实需要，更是实现农业农村绿色发展，推动乡村振兴战略实施的重要内容。

（2）增强责任意识 严禁将农药包装物和废弃物随意丢弃，市、镇街区等有关机构要担负起监管职责。相关的农业农村部门要采取有效形式，对辖区内田间地头、坑内坑边、河道河边及道路两旁等区域进行全面清查，查找随意丢弃的农药包装物和废弃物，明确其回收与处置责任人，督促其履行回收与处置责任。

（3）宣传引导 农业农村、生态环境部门等要充分利用新闻媒介，加强农药包装废弃物回收处置工作宣传，让农药生产企业、农药经营者充分认识自身在农药包装废弃物回收方面应负的法律责任，尽快建立回收制度。让使用者充分认识乱扔农药包装物对环境和人身安全的危害，积极回收农药包装物。

（4）强化整治 各镇街区要充分利用农闲时间组织镇村干部、群众开展集中清理整治行动，并发动各镇街区、社区、行政村环卫保洁队伍、护林员、团员志愿者、网格员等积极参与，组成清理队伍，对所辖区域内废弃农药包装物进行清理处置。同时，按照属地管理的原则，切实发挥各级河长作用，确保江河湖泊流域周边农药包装废弃物得到彻底清理，随意丢弃现象得到有效监管和遏制。

（5）开展农药经营和使用环节专项执法检查 农业执法机构要开展专项执法检查，重点检查农药定点经营专柜销售、实名购买及农药废弃物回收处置等行为，同时检查农药经营店采购农药查验和采购、销售台账制度落实情况。

（6）构建长效工作机制 市（县）政府每年要投入资金对各镇街区农药包装废弃物回收处理给予奖励，各镇街区要加大人力、财力、技术投入力度，每年投入用于农药废弃物回收的资金不低于2万元，做到有专项资金、有专门人员、有专业队伍；各镇街区要因地制宜探索新的回收处置路径，建立“统一回收、集中运输、安全无害化处理”的回收处置新模式。

（二）兽药管理

1. 兽药生产管理

按照《兽药管理条例》的规定，我国实行兽药生产许可证管理制度。从事兽药生产的企业，应当符合国家兽药行业发展规划和产业政策，并具备以下条件。

① 有与所生产的兽药相适应的兽医学、药学或者相关专业的技术人员。

② 有与所生产的兽药相适应的厂房、设施。

③ 有与所生产的兽药相适应的兽药质量管理和质量检测的机构人员、仪器设备。

④ 有符合安全、卫生要求的生产环境。

⑤ 具备兽药生产质量管理规范规定的其他生产条件。

兽药生产企业应当按照国务院兽医行政管理部门制定的兽药生产质量管理规范组织生产。生产兽药所需的原料、辅料，应当符合国家标准或者所生产的兽药的质量要求。直接接触兽药的包装材料和容器应当符合药用要求。

2. 兽药经营管理

经营兽药的企业，应当具备下列条件。

① 与所经营的兽药相适应的兽药技术人员。

② 与所经营的兽药相适应的营业场所、设备、仓库设施。

③ 与所经营的兽药相适应的质量管理机构或者人员。

④ 兽药经营质量管理规范规定的其他经营条件。

兽药经营企业，应当遵守国务院兽医行政管理部门制定的兽药经营质量管理规范，应当向购买者说明兽药的功能主治、用法、用量和注意事项。销售兽用处方药的，应当遵守兽用处方药管理办法。

3. 兽药使用管理

兽药使用单位应当遵守国务院兽医行政管理部门制定的兽药安全使用规定，并建立用药记录；有休药期规定的兽药用于食用动物时，饲养者应当向购买者或者屠宰者提供准确、真实的用药记录，购买者或者屠宰者应当确保动物及其产品在用药期、休药期内不被用于食品消费。

4. 兽药监督管理

兽药监管部门应按照《兽药管理条例》相关规定，切实履行监管职能，县级以上人民政府兽医行政管理部门行使兽药监督管理权。

兽药检验工作由国务院兽医行政管理部门和省、自治区、直辖市人民政府兽医行政管理部门设立的兽药检验机构承担。国务院兽药行政管理部门可以根据需要认定其他检验机构承担兽药检验工作。

兽药应当符合兽药国家标准。国家兽药典委员会拟定的、国务院兽医行政管理部门发布的《中华人民共和国兽药典》和国务院兽医行政管理部门发布的其他兽药质量标准为兽药国家标准。

禁止将兽用原料药拆零销售或者销售给兽药生产企业以外的单位和个人。禁止未经兽药开具处方销售、购买、使用国务院兽医行政管理部门规定实行处方药管理的兽药。

（三）肥料管理

1. 肥料登记管理

按照《肥料登记管理办法》的相关规定，国家实行肥料产品登记制度，在中华人民共和国境内生产、经营使用和宣传肥料产品应当遵守《肥料登记管理办法》。农业农村部负责全国肥料登记和监督管理工作，省、自治区、直辖市人民政府农业行政主管部门协助农业农村部做好本行政区域内的肥料登记工作，县级以上地方人民政府农业行政主管部门负责本行政区域内的肥料监督管理工作。

2. 肥料生产管理

肥料生产应当符合国家产业政策，并具备下列条件。

① 有与其生产的肥料产品相适应的技术人员、厂房、设备、工艺及仓储设施。

② 有与其生产相适应的产品质量检验场所、检验设备和检验人员。

③ 有符合国家劳动安全、卫生标准的设施和条件。

④ 有产品质量标准和产品质量保证体系。

⑤ 有符合国家环境保护要求的污染防治设施和措施，并且污染物排放不超过国家和地方规定的排放标准。

3. 肥料销售管理

肥料销售者应当对所销售肥料产品质量负责。购进肥料，应当执行进货验收制度验明肥料登记证、产品标签、质量检验合格证明、产品使用说明和其他资料，并建立肥料销售档案。肥料销售档案应记录包括购入和销售的肥料产品、数量、生产企业价格、批号、生产日期、购买者等情况，肥料销售档案应当在肥料销售后保存两年。

4. 肥料监督管理

县级以上人民政府农业行政主管部门应当配备一定数量的肥料执法人员，肥料执法人员应具有相应的专业学历并从事肥料工作三年以上，经培训考核合格，取得执法证，持证上岗。

省级以上人民政府农业行政主管部门认定符合肥料检验条件的检验机构承担肥料检验工作。

禁止生产、使用可能对农业生产和农产品质量安全造成危害的肥料，具体产品目录由国家农业行政主管部门公布。禁止伪造、假冒、转让肥料登记证或登记号，禁止伪造、假冒、转让肥料登记证或登记号。禁止生产、销售、使用无登记证的肥料产品禁止生产、销售、使用假劣肥料。

（四）饲料和饲料添加剂管理

1. 饲料和饲料添加剂生产管理

设立饲料、饲料添加剂生产企业，应当符合饲料工业发展规划和产业政策，并具备下列条件。

① 有与生产饲料、饲料添加剂相适应的厂房、设备和仓储设施。

② 有与生产饲料、饲料添加剂相适应的专职技术人员。

③ 有必要的产品质量检验机构、人员设施和质量管理制度。

④ 有符合国家规定的安全、卫生要求的生产环境。

⑤ 有符合国家环境保护要求的污染防治措施。

⑥ 具备国家农业行政主管部门制定的饲料、饲料添加剂质量安全管理规范规定的其他条件。

出厂销售的饲料、饲料添加剂应当包装，包装应当符合国家有关安全、卫生的规定。饲料、饲料添加剂的包装上应当附具标签。标签应当以中文或者适用符号标明产品名称、原料组成、产品成分分析保证值、储存条件、使用说明、注意事项、生产日期、保质期、生产企业名称以及地址、产品质量标准等。

2. 饲料和饲料添加剂经营管理

饲料、饲料添加剂经营者应当符合下列条件。

① 有与经营饲料、饲料添加剂相适应的经营场所和仓储设施。

② 有具备饲料、饲料添加剂使用、储存等知识的技术人员。

③ 有必要的产品质量管理和安全管理制度。

饲料、饲料添加剂经营者应当建立产品购销台账，如实记录购销产品的名称、许可证明、文件编号、规格、数量、保质期、生产企业名称或者供货者名称及其联系方式、购销时间等。

3. 饲料和饲料添加剂监督管理

国家农业行政主管部门和县级以上地方人民政府饲料管理部门应当加强饲料、饲料添加剂质量安全知识的宣传，增强养殖者的质量安全意识，指导养殖者安全、合理使用饲料、饲料添加剂。

饲料、饲料添加剂在使用过程中被证实对养殖动物、人体健康或者环境有害的由国家农业行政主管部门决定禁用并予以公布。

禁止生产、经营、使用未取得新饲料、新饲料添加剂证书的新饲料、新饲料添加剂以及禁用的饲料、饲料添加剂。

第三节　农业标准化生产管理政策手段

农业标准化是现代农业的“标尺”，推行农业标准化，对农产品实行“从农田到餐桌”的全程操纵，构建“生产有标准、产品有标志、质地有检测、认证有程序、市场有监管”的标准化格局具有重要意义，同时也是农业发展的必由之路。保障农产品质量安全，不但要保证农产品安全生产，还要制定并实施相关标准政策，建立健全规范化的工艺流程和衡量标准，推动和促进现代农业建设的步伐。

一、“三品一标”

相对于过去的“三品一标”，无公害农产品、绿色食品、有机食品、农产品地理标志，现在的“三品一标”——品种培优、品质提升、品牌打造和标准化生产是过去的提升版。所谓提升，即已不是过去单纯意义上的“三品一标”，而是更广泛和更高意义上的“三品一标”，其目标和诉求是推动新时期我国农业生产新发展格局的形成。在“三品一标”行动方案中，品种培优居于首位，体现了良种对于现代农业高质量发展的重要性。品种培优的重点是“四个一批”，即发掘一批优异种质资源，提纯复壮一批地方特色品种，选育一批高产优质突破性品种，建设一批良种繁育基地。

从优质良种、高新技术、产地环境、投入品、品质指标体系等方面着手，加快推进农产品品质提升，具体包括推广优良品种、集成推广技术模式、净化农业产地环境、推广绿色投入品、构建农产品品质等核心指标体系。

品牌打造的提出源于“乡村振兴靠产业，产业振兴靠品牌”这一理念。中央高度重视农业品牌建设，乡村振兴战略和近几年中央一号文件都对推进农业品牌化提出了明确要求，品牌强农战略由此而兴。要坚持以品牌建设为引领，将其贯穿农业供给侧结构性改革全过程、各环节，打通农业生产、加工、流通、销售全产业链，向品牌要市场、要质量、要效益。推进标准化生产是发展现代农业的必然选择，是促进农业科技成果转化为现实生产力的有效手段。农业标准化是一项系统工程，通过建立健全标准体系，使农业经营有章可循、有标可依，进而实现高产、优质、高效的目的。

第一，标准化生产是促进农业科技进步的根本保障。农业标准化既源于农业科技创新，又是农业科技创新转化为现实生产力的载体。将科技成果转化为标准，可以成倍地提高推广应用的覆盖面。同时，标准的提高又会推动科技创新，加速农业科技的进步步伐。第二，标准化生产是利用现代工业成果装备农业的基本前提。只有强力推行农业标准化，才能保证以优质的现代工业成果装备农业，加速农业现代化发展。第三，标准化生产是保障农产品质量安全的重要手段。事实上，标准与质量是密不可分的，农业标准是衡量农产品质量的依据。没有标准就没有质量，没有高标准就没有高质量，抓质量应首先抓标准。农产品质量标准既能够客观地反映市场，又能在市场需求的推动下不断改进和提高，最终回到生产环节，对生产过程及其标准也提出更高的要求。因此，农产品质量标准是农业标准体系的核心，是保障农业现代化健康发展的基础。

二、农业标准化

农业标准化是促进农业结构调整和产业化发展的重要技术基础，是规范农业生产、保障消费安全、促进农业经济发展的有效措施，是促进科技成果转化的桥梁和纽带，是提高经济、社会和生态效益的重要保障，是现代化农业的重要标志。1990 年 4 月 6 日，国务院发布施行《中华人民共和国标准化法实施条例》，其中第二条规定："对农业（含林业、牧业、渔业）产品（含种子、种苗、种畜、种禽）的品种、规格、质量、等级、检验、包装、储存、运输以及生产技术、管理技术的要求，应当制定标准。"

1991 年 2 月 26 日，国家技术监督局发布的《农业标准化管理办法》指出，农业标准化是指农业、林业、牧业、渔业的标准化。它的主要任务是贯彻国家有关方针政策，组织制定和实施农业标准化规划、计划，制定（包括修订）和组织实施农业标准，对农业标准的实施进行监督。农业标准化是实现农业现代化的一项综合性技术基础工作，农业标准化计划应纳入国民经济和科技发展计划。

2003 年，国务院办公厅下发了《关于进一步加强农业标准化工作的意见》指出，以邓小平理论和"三个代表"重要思想为指导，深入贯彻党的十六大精神，以市场为导向，围绕农业结构战略性调整和产业化发展，以提高我国农产品质量和市场竞争力为重点，建立健全统一权威的农业标准体系，加强农业标准化工作，促进农业增效、农民增收和农村经济全面发展。同时指出，农业标准化的工作方针是政府大力推动、市场正确引导、龙头企业带动、农民积极实施。2010年，《国家标准化管理委员会关于进一步加强农业标准化工作的意见》指出，我国农业标准化工作的主要任务是完善农业标准体系，加大标准实施与创新力度，大力开展“菜篮子”产品标准化生产示范工作，健全专业标准化队伍，加强农业标准化研究以及积极参与国际标准化工作。2021年，国家标准管理委员会发布的《2021年全国标准化工作要点》指出，要实施乡村振兴标准化建设行动，制定《贯彻实施〈关于加强农业农村标准化工作的指导意见〉行动计划》，开展《农业标准化管理办法》修订，持续推进现代农业全产业链标准体系建设。

（一）农产品质量认证标准

《中华人民共和国农产品质量安全法》规定：“国家建立健全农产品质量安全标准体系。农产品质量安全标准是强制性的技术规范。农产品质量安全标准的制定和发布，依照有关法律、行政法规的规定执行，制定农产品质量安全标准应当充分考虑农产品质量安全风险评估结果，并听取农产品生产者、销售者和消费者的意见，保障消费安全。”

《农业法》第二十三条规定：“国家支持依法建立健全优质农产品认证和标志制度，国家鼓励和扶持发展优质农产品生产。县级以上地方人民政府应当结合本地情况，按照国家有关规定采取措施，发展优质农产品生产。符合国家规定标准的优质农产品可以依照法律或者行政法规的规定申请使用有关的标志。符合规定产地及生产规范要求的农产品可以依照有关法律或者行政法规的规定申请使用农产品地理标志。”

（二）高标准农田建设标准

2014年6月25日起正式实施的《高标准农田建设通则》，主要包括高标准农田建设基本原则、建设区域、建设内容与技术要求、管理要求、监测与评价、建后管护与利用6个方面的核心内容，明确高标准农田建设应遵循规划引导、因地制宜、数量质量生态并重、维护权益和可持续利用这五项原则。

《高标准农田建设通则》还强调，应充分尊重农民意愿，维护土地权利人的合法权益，注重高标准农田建设与管护利用并重，确保长久发挥效益。同时要求采用信息化手段，实现高标准农田建设信息的上图入库。采用信息化手段对高标准农田建设进行管理，依托国土资源综合信息监管平台，实现建成的高标准农田及时上图入库和部门共享，做到高标准农田建设底数清、情况明、数据准，全面动态掌握高标准农田建设资金投入、建后管护及耕地质量等级变化等情况，为考核评价提供依据。

第五章　农产品市场与流通政策

第一节　农产品国内价格政策

一、价格管制

在市场经济条件下，价格是一切经济活动的中心，农产品价格自然也就成为农业经济活动的中心。农产品价格的变动指挥着农业生产的扩张与收缩，影响着农产品交易的进行，决定了农产品消费量的大小，进而影响着农民收入的高低。政府为了实现既定的农业政策目标，经常直接干预农产品市场，以提高或降低其市场价格。通过对农产品实行价格管制政策，调控农业生产和农产品贸易，合理配置农业资源，保护农民和农产品消费者利益。

政府根据某种标准或出于某种需要所制定和执行的农产品价格称为有管制的政策价格，有管制的政策价格既可能高于也可能低于没有干预情况下的市场均衡价格水平。政府的政策目标不同，制定政策价格的依据常常也不一样，政府制定有管制的政策价格的依据主要有成本标准、价值标准、供求标准、收入标准、消费者承受能力、国家财政负担能力等。如果有管制的政策价格高于农业生产者所愿意接受的平均价格，就会促进农产品产量超过其长期均衡水平；若低于市场均衡价格水平，则会减少农业产量。同时，政府对农产品实行价格管制还将影响农产品生产者和消费者之间的收入分配以及经济资源的配置效率。政府进行价格管制的政策主要有限制价格政策、支持价格政策和双重价格政策三种类型。

（一）限制价格政策

限制价格政策也叫作“最高限价政策”，它是政府对某种产品规定最高价格的政策。实施最高限制价格政策的目的是使农产品价格低廉而稳定，保护消费者的利益。最高限制价格可能高于市场均衡价格，也可能低于市场均衡价格，具体要视一个国家农民与非农人员的收入差异以及本国农产品生产情况而定。一般国家尤其是发展中国家，农产品的最高限制价格通常控制在市场均衡价格之下，而发达国家的最高限价常常高于市场均衡价格。

实行“配给制”。国家为了维持限价政策，可通过实行“配给制”强制消费量等于市场供给量。这样做的结果是农产品市场价格不会上涨，消费者都能享受到较低的价格，但其消费需求却无法得到充分满足。在限制价格低于市场均衡价格的影响下农业生产者的生产量会压缩，收入会下降。由于政府实行限制价格和凭证供应的“配给制”，无法消除市场短缺问题，因而往往带来抢购现象和黑市交易的存在。进口农产品能消除国内供给缺口。在最高限价政策导致市场上农产品供不应求的情况下，为了平衡国内市场上农产品的供求，国家可通过进口农产品来消除国内供给的缺口，即依靠国际市场稳定国内市场。

控制农产品生产和供给数量，并实行低价收购。政府这样做不仅能维持所制定的最高限价，同时也能保证农产品的供给关。

实施最高限价政策的难度，取决于这个价格是高于还是低于市场均衡价格水平，如果最高的限制价格低于市场均衡价格，将刺激农民在黑市上以较高的价格出售他们所生产的产品；若最高限价等于或高于市场均衡价格，则比较容易实施。因此，在最高限制价格低于市场均衡价格，政府又想要求农民按照规定的限制价格出售其农产品时，通常还需要制定和实施禁止私下购买或运输指定农产品的法规予以配合才行。

（二）支持价格政策

支持价格也叫作“最低限价”“干预价格”“保护价格”，是政府为了扶植某一行业的生产而规定的该行业产品的最低价格，相当于农产品市场价格下跌的下限，一般会在农产品收获之前确定并公布。支持价格政策是政府对实行这项措施的农产品规定最低价格（政策价格），如果市场价格高于最低价，则政府对市场活动不进行干预；如果市场价格低于这个价格水平，则政府就出面以最终消费者的身份按最低价格实行敞开收购，从而使市场价格不会低于这个价格水平。因而这个价格就称为“保证价格”或“支持价格”，而这种收购农产品的行为被称为“干预性收购”。政府可以通过调整支持价格的高低来发挥其杠杆调节作用。调高支持价格时，相当于政府传递了提高农民收入的信息，于是农民的生产积极性会提高，进而扩大农业生产；调低支持价格时，相当于政府释放了消减价格补贴的信号，农民的生产积极性会有所降低，大多选择维持生产，甚至减产。

支持价格可能低于也可能高于市场均衡价格。若低于市场均衡价格，政府维持支持价格的压力很小，此时农产品流通的交易主要通过市场来实现，私营部门在市场上的购买是农产品流通的基本部分，而且它们能支付给农业生产者较高的市场价格。只有当市场价格降低到保证水平时，政府才将充当最后的买主；若保证制定的价格高于市场均衡价格水平，较高的价格将诱使农民生产出比没有干预更多的农产品，这时政府必须通过干预性收购的手段，吸收并储藏农民本年度内在市场上不能出售或无法利用的农产品，也即收购市场上过剩的农产品。

政府实行支持价格政策的主要目标是稳定农产品市场，增加农产品和产量，保证维持或增加农民收入。支持价格政策的有效实施通常取决于以下几个前提条件或配套措施。

① 必须实施贸易保护措施，隔绝国内市场与国外市场，保证实施支持价格政策所带来的好处为本国生产者所获得。

② 国内市场价格与出口价格之差不大，否则实施支持价格政策花费的成本将大大高于所取得的效益。

③ 产品的供给和需求弹性较小，只有在这个条件下个别较大的价格上升会带来一个数量不大的供给增加和需求减少，从而减轻政府的财政负担。支持价格政策具有很突出的作用，比如促进农业稳定增长、保障农民收入、稳定市场价格、调整农业生产结构等。在实施时要选择适当的支持性价位，避免支持性价位过高或过低。支持价位过高不利于市场机制对农产品供求过剩进行必要调节；过低则起不到支

持性效果，不能实现与上述效率公平和稳定目标相联系的政策意图。

（三）双重价格政策

政府也可以对农产品实行双重价格政策，即为生产者制定高于市场均衡水平的最低保证价格，而对消费者则维持较低的最高限制价格。例如，巴西、尼日利亚、墨西哥等都采用这种价格政策以控制其小麦的生产和消费，日本则用它来控制小麦和稻米的价格。

此外，在一些农产品过剩的国家，通常采取的另一种双重价格管理政策是缓冲库存方案，即政府利用农业丰收年份农产品价格下跌时储存的部分产品，在市场价格过高时抛售，以此平抑价格的一种操作方式，将农产品价格稳定在一定的范围内。具体而言，就是当市场价格高于规定的最高价格水平时，政府通过抛售库存农产品迫使市场价格回落；当市场价格低于规定的最低价格时，政府又大量购进农产品迫使价格回升；而当市场价格在上述规定的范围内变动时，政府不进行干预。例如，印度尼西亚就采取这种政策对其稻米价格进行控制。

要保证缓冲库存方案能够发挥应有的政策功效，首先要求农产品必须是不易腐烂变质的耐储藏品，如谷物、糖类、羊毛等；其次还要求政府在市场价格上涨时有足够的存货可供抛售，以便平抑物价，这就要求政府必须为稳定农产品价格建立起数量充裕的收购基金和足够的仓储设施，以满足其收购和存储平抑市场价格必备农产品的需要。

二、补贴措施

（一）对农产品投入品的价格补贴

农产品投入品的价格补贴是指政府向购置农用生产要素，如化肥、农药、塑料薄膜、农机、种子等的农民提供财政补贴，使农民以较低的价格来购买农用生产资料或向农用生产要素市场提供财政补贴，使其将农用生产要素以较低的市场价格销售给农民。

农用生产要素是农业生产中必不可少的部分，直接影响到农产品的产出。对农业生产用水、用电、农用工业品等农用生产资料进行补贴，可以降低农业生产成本，从而刺激农业生产，增加农产品的供给数量。具体而言，可以采取对农用生产要素生产商提供税收减免、定额补贴或全额亏损补贴、农用生产要素限价销售等各种形式的补贴。

从理论上讲，对农用生产要素进行补贴将降低农业生产的成本，使农业生产者的供给曲线向右下方平移，从而使市场均衡数量增加，市场均衡价格下降。这将使消费者能够获得更多价廉的农产品，但对农业生产者来说则不一定是好事。虽然农用生产要素补贴将使农产品产量大幅增加，但由于大多农产品的需求价格弹性都很小，农民从增产中获得的净收入增加往往不足以弥补因价格降低所造成的净收入损失。

农产品投入品价格补贴的方式和农用生产要素流通渠道的通畅性，会直接影响到农业生产者是否能享受到这种政策的好处，能否实现增加农产品供给的政策效果。比如，如果农用生产要素的流通渠道不通畅，则补贴的好处就可能被营销部门所截留，农民事实上并未享受到低价的农用工业品供给。如果补贴方式不当，并不能使农用生产要素的生产总量增加，那么农产品生产也将因投入不足而达不到预期的增产目的。

(二) 对食品消费的补贴

根据补贴的形式不同，食品消费补贴可分为直接补贴和间接补贴。直接补贴即明补，是指按一定标准直接给予食品消费者的货币补贴；间接补贴即暗补，是指通过价格扭曲方式（如规定最高限价等）使消费者在通过市场购买食品时实际获得的好处。按享受补贴的范围来划分，它可分为非目标制补贴和目标制补贴两大类。非目标补贴是一种人人都可以享受其好处的食品补贴方式，目的是使全社会的每一位成员都公平地得到食品。因此，这种方式也被称作“全民性”或“普惠式”的食品补贴，其具体形式又有非目标食品补贴法和非目标食品配给法两种。前者是政府完全垄断食品的销售或分配；后者是政府通过专门设立的配给粮店或平价粮店出售政府收购或进口的食品。

目标补贴是与非目标补贴相对的，是针对全社会中某一个特定群体的食品补贴制，其目的是增强接受补贴人群获得食品的能力，使这部分人（易受到营养不良危害的人口，如儿童、孕产妇、老人、失业人口和贫困人口）得到足够的食品保障。目标补贴的具体形式可按确定目标的方法和实施目的的不同分为以下3种。

一是目标区域法，即将目标群体集中的区域划为目标区域，在此区域内销售含有补贴的食品。二是目标食品法，即补贴那些收入弹性很低的所谓“低档”食品，低收入阶层一般会自动选择消费此类食品，而高收入者不消费或较少消费这类食品。因而，当低收入者消费这类食品时，他们也就享受到了其中的补贴。或者说，这类食品会“自动地”寻找目标群体。三是食品券制度，即向应当享受食品补贴的人提供一定数额的含有补贴的食品券，享受者凭此券在指定的商店里以低于市价的价格购买或免费得到一定数额的食品。这种食品券由政府统一印制，并由某个官方机构发给受益者。食品券制度有两种形式，一种是按收入水平确定目标即受益者，斯里兰卡、哥伦比亚采取这种形式。作为世界上经济最发达的国家，美国也实行食品券制度，为其人口大约10%的低收入者提供廉价的食品，20世纪80年代初每年支出40亿~50亿美元。另一种是按健康状况确定目标，哥伦比亚、印度尼西亚等国均采用这种方式。特别营养保证项目，即向目标群体直接提供食品。此项目把目标高度集中于极度食品不足或极易受食品不足威胁的那部分人（如妇女、儿童）。具体而言，该项目又有两类，一类是定点消费食品的方式，如利用学校为小学生提供免费午餐，妇幼保健中心向孕妇和婴幼儿、存在严重营养不良现象的村庄向村民提供特殊营养食品。采取这种方式的国家有印度、印度尼西亚、哥伦比亚、巴西等。美国也对在校儿童供应午餐，其费用的四分之一由政府承担。另一类是受益者将食品领取回家食用。以工代赈项目，即目标群体以其劳务换取一定数量的食品。这通常是对失业者采取的，而且是短时的。

（三）对生产者的补贴

对生产者的补贴可以分为直接补贴和间接补贴两种。直接补贴包括差价补贴、休耕补贴、税收减免、低利贷款及财政拨款等形式，实施这种补贴的主要目的是提高生产者的收入。

差价补贴是指政府每年事先制定出一个通常高于世界市场价格的

目标价格，作为国内农业生产的指导价格，农民在按自由市场交易价格出售其产品时，政府则按目标价格与世界市场价格之差对农民实行补贴，也就是说农民每出售一个单位的农产品，便相应地从国家获得一笔补偿（目标价格与当时世界市场价格之差）。目标价格是政府为保证农民有一个比较合理的农业销售收入而设立的用于计算支付给农民补贴额的价格，相当于政府为农民确定了一个合理的单位农产品销售收入水平。政府通过设定目标价格，支付差价补贴，可以避免使用支持性收购时多导致的农产品仓容压力及其额外支出，减轻财政负担。同支持价格一样，政府也可以通过调整目标价格的大小来发挥其杠杆调节作用。差价补贴实质上为支持价格政策，其政策效应与支持价格政策效应相似。但差价补贴政策的实施很可能会改变产品的贸易结构，即在自由贸易条件下应该进口的产品，在差价补贴政策支持下有可能出现生产过剩反而成为出口产品。

休耕补贴是指政府对参加休耕计划的农民按照其退出农业商品生产的资源和受援标准给予补贴。这是欧美等农产品过剩的发达国家采取的另一种重要的生产者补贴措施，其目的是通过对休耕土地的直接补贴，实现农产品数量限制，控制农业生产规模，在减少农产品供给的同时又保证生产者的收入。土地休耕补贴可以针对所有农作物品种发放，也可以针对特定品种的农作物发放。政府可以通过调整单位休耕面积补贴额的大小和休耕面积的比例来引导农民增加或减少土地休耕面积，达到调控农业生产的目的。美国农业限产计划中的一项重要内容就是休耕补贴，其基本目的是把耕地面积减少的额度和结构，同某种或某几种重要农产品的期末库存与消费量之比的高低联系起来，以达到既控制农产品供应，又保护农产品价格的目的。

三、数量管理

数量管理也就是实行限量政策，这是国内农产品价格政策中的又一重要领域，可以划分为对生产要素（主要是土地和牲畜）投入的限量、对市场供给的限量和对消费的限量。这种限量既可能是规定上限，也可能是规定下限。

（一）对生产要素投入量的限量

在农产品过剩的国家，往往对生产要素投入实行上限限制，从而间接限制农产品的生产和供给。对生产要素投入量的限量具体可以采取实行休耕计划、减少生产面积作物转产等措施。农户数量、生产规模会直接影响该限量政策的实际执行情况。例如1961年开始，美国政府规定农场主至少要停耕20%的土地，农场主可以从政府手中得到相当于这部分土地正常年景产量50%的现金或实物补贴，对超过20%休耕的土地补偿的比例可以提高到60%。1965年后，美国将休耕分为两种。一种是无偿休耕，即规定只有按照政府要求休耕一定比例的土地，才能参加诸如无追索权贷款等优惠计划，政府对这部分休耕土地无直接补偿；另一种是有偿休耕，指对超过政府规定无偿休耕比例之外再休耕的土地，政府给予补偿。

（二）对市场供给量的限制

在农产品过剩的国家，常常还采取对农产品市场的供给量实行上限限制的政策来保证生产者的收入水平。只有当政府能够充当最后的消费者对农产品实行敞开收购时，对农产品市场供给量的限制政策才会有效。这时，除了有限制生产要素投入量的政策效应外，政府还需要为收购农民过剩的农产品安排一定的财政支出，否则过剩的农产品必将冲击农产品市场。

对于那些需求弹性很小的农产品来说，对市场供给量实行上限限制还是一种非常有效地提高农民收入的手段。由于对农产品的总体需求以及对大部分单项农产品需求的价格弹性均较小，所以可以通过缩减供给的办法使农民的收入获得长期的提高。在农产品供给不足的国家，尤其是欠发达国家，为了保障食品供给和工业化发展必需的农产品供应，一般对市场供给量实行下限限制。1985年，我国粮食政策开始由原来的统购统销改为定购统销和议购议销“双轨”运行的政策，其中，定购政策就是对供给量实行下限限制的一个特例。

（三）对消费量的限制

对消费低的限制政策有上限限制和下限限制两种，在食品供给量小于需求量的情况下，会实行对消费量的上限限制，典型例子是食品实行定量配置制度。由于食品的需求价格弹性较小，尤其在生理需求未获得满足的情况下更小，而对那些维持生存所必需的食品来说，其需求价格弹性几乎为零，所以在市场供不应求时，实行定量配给制会抑制商品价格的大幅度上升，避免出现因食品价格大幅上升而造成的分配不均衡，即高收入者的消费充足或过量而低收入者的消费量严重不足，分配的不均衡会加大阶层分化，不利于社会的公平和安定，因此，对这些稀缺必需品按人头进行平均分配是非常有必要的，可以使不同社会阶层的人不会因其收入的高低而影响到对这些稀缺必需品的消费量，保证人们的生理需要能得到大致相同的满足，从而保障社会的公平和安定。在农产品过剩和实行贸易保护主义政策的国家中，有时候也对消费者消费农产品数量实行下限限制规定，例如对饲料加工厂作出规定，在其所购入或使用的谷物原料中，必须保证一定的比例是来自本国生产。不过，严格来说，这种消费限量规定只是对中间消费者而不是对最终消费者的数量管理。

第二节　农产品国际贸易政策

农产品对外贸易是一国与其他国家或地区进行的农产品交易活动，它是农产品国内贸易的延伸和扩展。农产品对外贸易政策是一国政府为农产品对外贸易活动规定的基本行动准则和采取的重要措施的统称。

《农业法》第三十条规定：“国家鼓励发展农产品进出口贸易。国家采取加强国际市场研究、提供信息和营销服务等措施，促进农产品出口。为维护农产品产销秩序和公平贸易，建立农产品进口预警制度，当某些进口农产品已经或者可能对国内相关农产品的生产造成重大的不利影响时，国家可以采取必要的措施。”

制定和执行正确的农产品对外贸易政策，有利于加强本国与外国在经济上特别是农业经济方面的联系与交流，可以促进本国的农业现代化和经济发展。

一、农产品出口竞争政策

农产品出口竞争政策是指在世界贸易组织农业协议以及其他双边或多边国际协议等相关规则约束下，一国（或地区）政府为扩大本国（或地区）农产品出口所采取的一系列旨在提高本国（或地区）农产品国际市场竞争力的边境措施。

农产品出口竞争政策是为国内农业政策目标服务的，其目标不仅是扩大农产品出口，而是通过扩大出口来实现国内政策目标，也即通过实施农产品出口竞争政策来鼓励农产品出口，以保护本国或本地区农业生产者的利益。保持和提高本国和本地区对国际农产品市场的影响力，增加财政收入或减轻财政负担，维护本国或本地区消费者的利益。

按照政府为鼓励农产品出口所采取措施的性质，农产品出口竞争政策可分为农产品出口补贴和农产品出口促销政策。

（一）农产品出口补贴

农产品出口补贴是指政府直接或间接付给农产品出口商的货币补贴或实物补贴农产品出口补贴政策是一种最常见的出口竞争政策，其目的在于通过鼓励出口以减消国内产品过剩状况或者换取外汇收入，当农产品的国内市场价格高于国际市场价格时一般都选择采取这种政策措施。出口补贴的方法，既可以是直接的现金支付，也可以是间接地降低出口产品的成本。

1. 直接出口补贴

直接出口补贴属于世界贸易组织农业规则重点规范和约束的一种出口竞争手段，主要措施包括如下。

① 政府或其代理机构依据出口业绩向企业、行业、农产品生产者、农产品生产合作社及其他协会，或者向销售部门提供的直接补贴，包括实物补贴。

② 政府或其代理机构对农产品非商业性库存的出口销售和处理提供价格优惠。

③ 政府为减少农产品出口的销售成本而给予出口商的补贴，包括

向农产品处理、包装等加工环节以及国际运输等提供的补贴。

④ 政府为出口装运货物的国内运输和装货，制定或授权制定优惠的收费标准。

⑤ 政府对附随于出口产品组合中的农产品提供的补贴。

直接出口补贴政策一般都与国内保证价格政策结合起来运用，即政府保证支付农产品国内市场价格与国际市场价格之间的差额。在直接出口补贴政策的支持下，出口数量会增加，国内市场供给则相应地减少，从而有利于稳定农产品市场价格并有可能导致价格一定程度的上涨。通过政府补贴，出口农产品也得到了与国内市场销售相同的价格。

2. 间接出口补贴

间接出口补贴属于国际贸易中较为通用的一种出口竞争手段，主要措施包括出口信贷和出口退税等。

出口信贷是指政府为降低本国或地区农产品出口成本、提高本国或地区农产品国际竞争力，而向农产品出口商提供的出口信贷补贴、出口信贷担保或优惠贷款利率等信贷服务。出口信贷补贴具有扭曲农产品贸易的作用，属于世界贸易组织农业规则所规定的“黄箱”政策。

出口退税是指对出口商品免征国内同类商品所缴纳的各种国内税收，或在商品出口以后，政府允许企业申请退回进口原材料时支付的关税。出口退税可使出口商降低出口农产品的价格，提高其国际竞争力。出口退税率越高，越有利于扩大出口，而且只要出口退税最大幅度不超过“零税率”，出口退税就不违背世界贸易组织规则，灵活性较高。它是国际上通行的、并为各国所接受的鼓励出口的措施。

出口补贴政策的共同结果是降低出口产品的成本，提高出口产品的实际收益。

出口补贴对生产、消费、价格和贸易的影响将会因其在国际市场上的份额大小而不同。

（二）农产品出口促销

农产品出口促销政策泛指政府所采取的除出口补贴之外的其他鼓

励农产品出口的边境措施，政府实施农产品出口促销政策的目的在于拓宽农产品出口市场，扩大国外对本国或本地区农产品的需求，以及提高本国或本地区农产品出口商进入国外农产品市场的能力，增加出口机会。

农产品出口促销支持政策的具体措施较多，常见的如下。

① 开展多层次的国际性农产品公共宣传活动，如政府资助企业加强国外公共宣传、举办或组织企业参加农产品国际展览等。

② 提高企业开发国外市场的能力，如政府扶持农业行业团体和协会在国外建立开拓市场的有关机构等。

③ 政府采集、统计和分析国外农产品市场信息，为出口企业提供国外进口商资料、农产品技术标准等信息服务。

④ 降低贸易壁垒，改善贸易条件，如开展高层外交防务、向出口目的地提供积极的援助和赠与、参加双边和多边贸易协定等。

二、农产品市场准入政策

农产品市场准入政策是指在世界贸易组织农业协议以及其他双边或多边国际协议等相关规则约束下，一国（或地区）政府为限制或减少国外农产品进入本国（或地区）市场所采取的一系列旨在构筑农产品贸易壁垒的边境措施。农产品市场准入政策通过限制农产品进口，希望达到保护国内生产者和消费者、保护环境和协调国内政策等目的。

（一）农产品关税壁垒

农产品关税壁垒指在关税设定、计税方式及关税管理等方面阻碍进口的做法，如对进口农产品计征关税，以降低其在出口地区的价格竞争优势。为增强贸易壁垒的限入作用，关税壁垒除提高名义关税税率外，还可运用选择计税方法、设置关税结构、调整关税配额等手段。

1. 选择计税方法

关税的计征方法一般有从价税、从量税和混合税等。从价税是依据进口商品价值大小而征收一定比例的关税；从量税是依据产品进口数量多少按照某一个固定税率征收关税；混合税是指对所征商品中的部分商品使用从价税标准，而对另一部分商品使用从量税标准，是对从价税和从量税的综合运用，对同一种商品按不同的征税方法计征，实际税负相差很大。因此，许多国家或地区往往通过对不同的课征对象选择不同的计税方法，以最大限度地增加进口成本，降低进口农产品价格竞争优势，如对粮食等大宗农产品采用从量税，对牛肉、水果及其加工产品等价值较高的产品采用从价税。此外，大多数国家和地区也采用季节性关税，即在国内农产品市场旺季提高关税，在一定程度上削弱国外农产品的市场竞争力。

2. 设置关税结构

关税结构是指政府对不同的农产品征收不同税率的关税。关税结构对关税保护程度有很大影响。同样的关税水平（以平均名义关税率表示），不同的关税结构，关税实际保护效果会有很大差异。例如，A国对各种农产品课征 t 水平的从价税，而 B 国对不同农产品课征不同水平的从价税，有些农产品从价税低于/甚至免税，有些农产品从价税高于 t，但从价税平均水平仍为 t。在这种条件下，B 国可以在名义关税约束情况下，加大对某些农产品（如敏感性产品）的关税保护，而 A 国的关税结构则达不到对敏感性产品重点保护的效果。于是，世界贸易组织成员一方面按照农业规则要求削减关税水平（指平均名义关税税率）；另一方面，通过设置或调整关税结构，提高关税有效保护率，增强关税保护程度。

实践中，关税结构的常见形式有关税高峰、关税升级和限制性关税。关税高峰是指对大多数农产品征收较低的进口关税，但对少数敏感性产品（政府希望保护的产品）设置较高的关税。这可对国外具有竞争力的农产品形成较高的关税壁垒，降低市场准入机会或减少进口量。

关税升级是指对加工品的关税税率随着农产品加工程度的提高而逐步提高的关税管理办法，即制成品的关税税率高于中间产品的关税税率，中间产品的关税税率高于初级产品的关税税率。关税升级通过对原材料给予低税而对加工品课以高税，提高对加工品增值部分的保护程度，起到限制加工品进口，促进国内农产品加工业发展的作用。

限制性关税是指政府为限制或禁止进口某种国内需要保护的农产品，对该农产品进口课征高税。

3. 调整关税配额

关税配额是指进口国对进口货物设定一数量限制，对在某一限额内进口的货物可以适用较低的税率或免税，但对超过限额后所进口的货物则适用较高或一般的税率这是在乌拉圭回合多边贸易谈判中，为解决部分敏感农产品的市场开放问题而建立起来的一种介于关税和进口配额措施之间的进口限制政策。关税配额是一种进口国限制进口货物数量的措施，政府通过调整关税配额，特别是提高配额外的关税税率，可以起到减少额外农产品进口的效果。

（二）农产品非关税壁垒

贸易多边组织和双边谈判协定的制约，使国际贸易中的关税壁垒、数量限制等传统非关税壁垒逐步弱化，取而代之的是各种新型非关税壁垒以及传统非关税壁垒在特定行业和领域的例外使用。世界贸易组织官方将非关税壁垒分为技术标准类壁垒、贸易防御类壁垒、农业壁垒和其他壁垒四大类。其中，技术标准类壁垒具体有技术性贸易壁垒、动植物卫生检疫措施等小类；贸易防御类壁垒包括反倾销、反补贴和保障措施；农业壁垒包括特别保障措施、关税配额、出口补贴等；其他壁垒有数量限制和国有贸易企业壁垒等小类当前国际贸易中的非关税壁垒，主要是技术性贸易壁垒和动植物卫生检疫措施根据联合国贸易和发展会议与世界银行联合发布的数据，2018 年非关税措施的总交易成本约为 3250 亿美元，大量的非关税措施逐渐成为贸易保护主义的主要手段。其中技术性贸易壁垒使用最多，占所有非关税措施的 41%，涉及对包装、标签等的要求以及所有合格评定措施。动植物卫生检疫措施的使用位居第二，占所有非关税壁垒的 35%。动植物卫生检疫措施包括确保食品安全并防止疾病传播的限制，以及与食品安全有关的合格评定措施。

技术性贸易壁垒是指不同国家之间进行商品交换时，由于实行的技术法规、标准、认证制度和检验制度等方面的差异而形成的贸易壁垒，主要包括技术标准规定下的检疫措施规定以及商品包装和标签规定等。随着国际市场竞争的激化，不少经济发达的国家基于保障国家安全、保护人类和动植物健康生长、保护生态环境、防止欺诈行为、保证产品质量和保护消费者利益等理由，在实施贸易进口管制时，以技术为支撑条件，利用其技术上的优势，对进口产品采取强制性或自愿性的技术措施，通常以颁布国家或地区的技术法规、规则协议、条例、技术标准、认证制度等形式出现，对进口产品制定过分严格的技术标准、卫生检疫措施、商品包装和标签规定，加大进口产品的技术要求，提高进口难度，对商品进口实行限制。在技术标准方面，不少国家尤其是发达国家，对许多农产品的技术安全标准的要求越来越高，国外农产品必须符合其严格规定的技术标准才允许进口，否则不能进口。在检疫方面，要求必须进行卫生检疫的商品越来越多，且卫生检疫的规定也越来越严。在商品包装和标签方面，不少国家对要在国内市场上销售的进口商品，制定了许多有关包装和标签的使用条例，并且这些条例或规定是不断变化的，这就使许多国外农产品一时难以适应而不能进口，或不得不重新包装、更换标签才能进口，从而增加成本，削弱进口产品的竞争力。

技术性贸易壁垒往往包含科技、卫生、检疫、安全、环保、产品质量和认证等多方面的技术性指标体系，名目繁多且灵活多变。技术性贸易壁垒已成为国际贸易保护主义的合法外衣，是当前国际贸易中最为隐蔽、最难对付的非关税壁垒，是世界各国尤其是发达国家人为设置的贸易障碍。在国际贸易往来中，一些国家通过增加技术性贸易壁垒的强度，采取各种技术性贸易措施来保护本国利益和本国产品，实现保障国家安全、保护消费者利益和保持国际收支平衡的目的。

国际贸易中的技术措施，既可能是进口国从保护生态环境、保障人体健康和安全提高进口产品质量、保护消费者安全和利益等角度出发，对进口商品采取的各种技术性规定，也可能是进口国以合法合规的技术指标为借口来为国际贸易设置障碍。这些技术性指标体系或措施本来是中性的，之所以成为贸易壁垒，是很多国家或地区主观利用产品生产、检验和认证过程中存在的技术差异，以限制或阻碍某些国家和地区的产品进口，为国际贸易造成障碍。

技术性贸易壁垒通常以复杂的技术法规、种类繁多的技术标准、难度较高的评定程序等形式表现出来。技术法规是进口国有关部门或机构制定的与技术措施有关的法律、条例、规章，以及专门适用于产品、工业或生产方法的技术规范、准则、惯例、专用术语、包装、标志、符号等方面的规定。凡是不满足技术法规的进口产品，将被判定为问题产品，接受“改进”“退回”或“销毁”等方式的处理。技术标准可分为国际标准、国内标准和行业标准，它们之间可以用相互认可的方式来执行。技术法规由不同国家制定，不同国家对进口产品的要求不同。如果说技术法规具有十足的刚性，那么产品标准为贸易壁垒设置提供了较大的自由度。一国可以从国际、国内和行业标准中进行选择，这无疑给其设置壁垒带来诸多选项，至于选择的标准自然是手段较为隐蔽、保护较为有利、操作较为便利的。合格评议程序用来确认进口产品是否符合技术法规以及技术标准的规定和要求，具体通过抽样检查、检验及验证、评估等环节来实现。有的进口产品须有专门权威机构出具的证明才能得到确认，有的还需要相关机构的注册、认证才能得到确认。在评定流程中任何环节出问题都将导致进口商品被判定为问题产品。

动植物卫生检疫措施是一国为保护食品安全和动植物健康与安全而采取的降低风险的技术性措施，其宗旨是保护人类与动植物的健康安全，促进农产品贸易持续健康发展。动植物卫生检疫的具体措施包括最终产品标准、生产和加工方法，动植物检疫处理，与食品安全直接相关的包装和标签要求，有关统计办法、抽样程序和风险评估方法，以及检测、检验、出证和批准程序等。

《实施动植物卫生检疫措施协议》是世界贸易组织关于各成员货物贸易的一项重要协定，属于关贸总协定乌拉圭回合贸易谈判的重要成果。该协议承认，为了保护人类生命、健康和安全，为了保护动植物的生命、健康和安全，制定动植物产品及食品的检疫要求，实施动植物检疫制度，是每个成员的权利，但是这种权利不是不受约束的，而是以动植物检疫措施不对贸易造成不必要的障碍为前提，应该仅在保护人类、动植物的生命与健康的限度内实施，各成员在制定动植物检疫措施时，要把对贸易的影响降到最低，且不得对国际贸易造成变相的限制，该协议的宗旨是避免各成员的动植物卫生检疫措施给国际贸易带来不必要的障碍，使国际贸易自由化和便利化。在动植物卫生检疫措施的制定方面，以食品法典委员会、国际兽疫局和国际植物保护公约的标准为基础，开展国际协调，促进货物贸易中动植物卫生检疫措施的标准化和国际化，遏制以带有歧视性的动植物卫生检疫措施为主要表现形式的贸易保护主义，最大限度减少和消除国际贸易中的技术性壁垒，为世界经济全球化服务。随着国际贸易的发展和贸易自由化程度的提高，世界各国所实行的动植物卫生检疫制度对国际贸易产生的影响日益增强。尤其是一些国家为了保护本国动植物产品市场，保护国内消费者的利益，满足消费者对健康、安全等的隐性需求，制定了相应的卫生检疫制度，对进口商品的品质进行检测和鉴定，利用隐蔽性很强的动植物卫生检疫措施来阻止国外动植物产品进入本国市场。比如，因超标，俄罗斯联邦兽医和植物卫生监督局宣布自 2021 年 8 月 10 日起对我国舟山某水产企业产品强化实验室检测。

三、出口限制和进口鼓励政策

政府对农产品实行出口限制政策，主要原因是农产品是一国最基本的生活资料，是本国比较稀缺和比较重要的商品，要首先保证满足本国的需要。另外，还可以通过出口限制，稳定并控制国际市场价格，增加政府外汇收入。当然，实施这种政策有时还有政治目的，主要是限制对敌对国家和不友好国家的出口。

（一）出口限制

出口限制的手段包括直接的数量管制（如出口配额、出口许可证、外汇管制等）和间接的价格干预（如出口税、产业税、复汇率和高估汇率等）。

不管使用什么政策手段，限制出口虽然可能使消费者和政府受益，但会给生产者带来损失。限制出口对整个社会经济福利的影响，则取决于限制措施和出口国在国际市场上的地位。若出口国是国际市场上的主要出口国，出口的减少将导致国际市场价格上涨，而贸易条件的改善将可能增加出口国整体的社会经济福利。

（二）进口鼓励

政府实施进口鼓励政策主要是针对一些国内短缺且关系到国计民生的物品，如粮食等，主要目的是保护国内消费者。进口鼓励政策包括进口补贴和消费补贴。进口补贴会影响国内市场的价格，减少国内同类产品的生产，其对国内生产、消费和社会经济利益的影响与进口关税正好相反。消费补贴在国内农产品价格管理政策中已经涉及它通过支持消费来扩大进口，对本国生产价格和生产量都没有影响。

第三节　农产品流通政策

一、农产品流通政策的手段

农产品流通政策一般分为价格政策和市场结构政策两大部分，其政策手段主要有以下几类。

（一）价格政策

包括国内价格政策是指能够直接影响到农产品价格水平高低的各种政策措施，价格政策和对外贸易政策。

1. 国内价格政策手段

国内价格政策手段的具体政策措施有 3 种。

① 价格管制措施，包括限制价格措施支持价格措施和双重价格措施。

② 补贴措施，包括对农业投入品的补贴措施、对消费者的补贴措施和对生产者的补贴措施。

③ 数量管理措施，包括对生产要素投入量的限制、对市场供给量的限制和对消费量的限制。

2. 对外贸易政策手段

对外贸易政策手段的具体政策措施通常有。

① 出口鼓励措施，包括出口补贴、生产补贴等。

② 进口限制措施，包括进口关税、进口配额和外汇许可证等。

③ 限制出口和鼓励进口措施，包括出口关税、进口补贴、征收产业税、复汇率和高估汇率等。

④ 其他措施，包括苛刻的技术标准、进出口的垄断经营等。

（二）市场结构政策

市场结构政策是指那些制约着农产品市场参与者各方的竞争关系和竞争状态，促进市场均衡价格的顺利形成，影响着市场透明度，关系到市场的组织与基础设施建设，旨在提高整个农产品市场宏观运行效率的各种措施。市场结构政策手段的具体政策措施主要有市场管制措施、提高市场透明度和促进市场均衡价格顺利形成的措施、改善市场基础设施的措施等。

二、农产品流通政策的目标

农产品流通政策的主要目标包括如下。

① 稳定农产品市场，包括稳定农产品供给和市场价格。

② 维持生产者的价格水平，保证农民收入的增长或稳定。

③ 稳定或降低消费者的食品支出价格，保护消费者的利益。

④ 保护国内农产品市场和农业生产。

⑤ 提高农产品流通效率。

⑥ 增加国家财政收入和促进工业化进程。

⑦ 增加农产品出口，获取更多的外汇收入等。

上述的各项目标之间存在着错综复杂的关系，它们之间既可能是相互促进的，也可能是相互矛盾或者相互独立的。对于决策者来说，最常见和最难以处理的是各项目标之间的矛盾关系。其中，消费者利益目标、生产者利益目标和国家财政收入目标之间存在的此消彼长的关系，是农业政策目标中最基本和最典型的矛盾关系。现实社会中，农产品流通政策体系之所以极其复杂，主要原因在于，为了实现其中某一项目标而又不至于严重损害其他目标，不得不在采取某种政策措施的同时，还采取其他各种能起到相互配合作用的政策措施，如此环环相扣，最终形成一个复杂的政策体系。由于制定和执行农业政策的背景条件不同，各国对农产品流通政策目标重点的选择也就各不相同。一般来说，发达国家较为注重对生产者利益的保护，而发展中国家则更关注消费者利益和减轻国家的财政负担。

新修订的《农业法》于 2013 年 1 月 1 日起施行，其第二十六条规定："农产品的购销实行市场调节，国家对关系国计民生的重要农产品的购销活动实行必要的宏观调控，建立中央和地方分级储备调节制度，完善仓储运输体系，做到保证供应，稳定市场。"这从法律上明确了我国农产品流通政策的目标所在。第二十七条规定："国家逐步建立统一、开放、竞争、有序的农产品市场体系，制定农产品批发市场发展规划对农村集体经济组织和农民专业合作经济组织，建立农产品批发市场和农产品集贸市场，国家给予扶持。县级以上人民政府工商行政管理部门和其他有关部门按照各自的职责，依法管理农产品批发市场，规范交易秩序，防止地方保护与不正当竞争。"第二十八条规定："国家鼓励和支持发展多种形式的农产品流通活动。支持农民和农民专业合作经济组织按照国家有关规定从事农产品收购、批发、贮藏、运输、零售和中介活动。鼓励供销合作社和其他从事农产品购销的农业生产经营组织提供市场信息，开拓农产品流通渠道，为农产品销售服务。县级以上人民政府应当采取措施，督促有关部门保障农产品运输畅通，降低农产品流通成本。有关行政管理部门应当简化手续，方便鲜活农产品的运输，除法律、行政法规另有规定外，不得扣押鲜活农产品的运输工具"。

第六章　农村人力资源政策

第一节　农村劳动力就业政策

一、我国农业劳动力的基本情况

（一）农业劳动力整体素质偏低

我国农村人口基数大，增长速度快，整体素质偏低。由于各地对农村教育资源的投入跟不上人口增长的速度，无法彻底解决农村教育中的不完善之处，限制了农业劳动力素质的提高。随着农业劳动力就业结构的转变，农业劳动力对于劳动技能、劳动保障等方面知识的需求在逐渐增加，但当前各地对于农业劳动力的成人教育和技术培训的重视程度不够，投入不足。

（二）开发利用不充分，存在大量农村剩余劳动力

我国农业劳动力素质不高，加上农业生产季节性、劳动内容复杂性、劳动组织的分散性等特点，导致对农业劳动力的开发利用不充分。同时，农业自身吸纳劳动力能力却接近饱和，第二产业、第三产业吸纳劳动力数量又极为有限，导致农村剩余劳动力的出现。

二、农业劳动力的就业政策

我国农业劳动力就业政策的目标已经从原来的消极限制转变为积极引导，从城乡割离、偏重城市、确保城市就业向城乡协调、转变机制、提高农业劳动力技术水平与就业机会的轨道上来；发展多种所有制，实现多产业部门就业；促进跨区域流动就业在全国范围内实现资源的合理利用；建立和完善劳动力市场，把市场机制引入农业劳动力的开发利用中。促进我国农业劳动力就业政策主要有以下几个方面。

（一）优化农业劳动力就业环境

农业劳动力的有序进城就业在统筹城乡发展和增加农民收入等方面起到重要作用。我国在进一步做好促进农民进城就业管理和服务的基础上，取消了针对农民进城就业方面的歧视性规定及不合理限制，创造更加良好的劳动者自主择业、自由流动和自主创业的环境，形成稳定的促进就业政策和制度，健全城乡统一、内外开放、平等竞争和规范有序的劳动力市场，保持就业渠道通畅，进一步优化了农业劳动力就业环境。

1. 为农业劳动力提供更多就业岗位

目前，我国尚有大批未经开发的宜农荒山、荒坡和沿海滩涂。同时，我国总体的农村生产条件还比较脆弱，尤其是中西部地区，农业生产条件更差。因此要加大对农村基础设施投入，合理利用资源，为农业劳动力提供更多的就业岗位。各地政府要大力发展农产品加工业，引导农业劳动力合理有序转移。鼓励发展农村第三产业，尤其是扩大农村第三产业的业务范围，充分发挥农村第三产业对农业劳动力的吸纳作用。

2. 鼓励自主创业进一步降低创业门槛

近几年，各省市纷纷出台政策，放宽农村个体工商户和企业经营场所权属证明限制；降低公司注册资本的要求，拓宽农民出资渠道，在农村土地承包期限内和不改变用途的前提下，允许以农村土地承包经营收益权出资入股设立农民专业合作社；放宽农村企业出资方式限制，对从事种植业和养殖业的经营者，允许以生产经营业相关的苗木、家禽、牲畜等经评估后作价出资，实施农村小额信贷政策，以及对农民自主创业实施各种税费减免的优惠政策与奖励政策等。对于农业劳动力创业进行资金扶持，加强对农村自主创业人员的资金扶持。例如，河北省出台的《关于充分发挥职能作用支持新农村建设的若干意见》指出，加强对农村自主创业人员的资金扶持，提高自主创业人员的贷款额度，符合条件的自主创业人员，贷款额度由原来的最高 2 万元提高到最高不超过 5 万元；对符合贷款条件人员合伙经营的企业可以得到人均最多 5 万元的贷款；对符合贷款条件的劳动密集型小企业，贷款额度从最高不超过100万元提高到最高不超过200万元；小额担保贷款期限由原来的2年延长至3年。

3. 建设产业聚集区，吸引劳动力就地转移

当前，全球经济的增长速度明显变缓，这表明当前经济增长的动力不足。在这一背景下，发展产业聚集区能够有效促进劳动力转移、扩大当地的贸易市场，进而推动经济发展，而经济发展又能为劳动力提供更多就业机会，最终实现良性循环。产业聚集区能够在培训劳动力就业方面发挥更大的价值。例如，在产业聚集区内对农业劳动力就业进行公益性指导，设立专门的就业指导工作室。工作室可以利用自身优势收集企业的招聘信息，掌握农业劳动力的真实想法与就业需求，建立企业与求职农业劳动力之间的沟通桥梁，为农民工提供社保办理和职业技能培训等服务。工作室了解产业聚集区的企业招聘要求后，可以与附近高职院校或培训机构合作，为企业提供合适的工作者。工作室通过培训与工作相结合的模式，为企业定向培养合适的员工，解决农业劳动力就业问题。产业聚集区内要有完善的基础设施，如公租房、娱乐设施等，使农业劳动力在产业聚集区内享受到基本保障，促进民生建设。

（二）提升农业劳动力就业能力

目前，农民工就业具有总量大、稳定性差和保障弱的特点，易受经济波动影响，在疫情冲击下，劳动力市场阶段性停摆，复工返岗大范围延后，农民工就业压力明显上升，就业帮扶任务更重，就业形势比较严峻。为贯彻落实党中央、国务院决策部署扎实做好“六稳”工作，全面落实“六保”任务，巩固脱贫攻坚成果，大力提升广大农民工职业技能和就业创业能力，人力资源和社会保障部制定了《农民工稳就业职业技能培训计划》。这是应对当前就业形势，加强广大农民工职业技能培训的重要举措也是积极促进农民工就业，大力推进就业技能扶贫的重要手段。我国对于农业劳动力就业能力培养有以下几个方面的措施。

1. 根据就业需求培养实用型人才

农民自身的劳动技术水平与科学文化素养关系到农民可选择的就

业范围，政府要想扩大农业劳动力的就业规模，就要对农民的技术水平与文化素养进行培训，这是农村建设发展的关键举措。首先，要加强对技术型人才的培养。拥有专业技术的农业劳动力，在就业市场上会获得更多的机会，拥有更多选择权。其次，制定培训方案时政府需要有针对性地开展工作。依据当地经济发展现状与人口流动情况，制定符合当地实情的劳动力培养方案。在执行方案的过程中，要根据当地的产业结构与现实状况适当调整相关策略。结合当前科技发展的需要，使用常见、先进的劳动工具培训劳动力，力求培养出的农业劳动力是有技术、有特色、优秀、实用的人才。在资金投入上中央和地方应安排专项经费用于农业劳动力的培训工作，做到专款专用。各地方政府可以根据本地区的实际情况，建立适合本地区实际情况的资金投入机制。农业生产内部就业培训要充分结合地区特色，发展当地的特色产业。培训农业劳动力应坚持因地制宜的原则，让农业劳动力学会根据不同的自然条件和优势发展现代农业。

2. 采用多元化培训方式促进就业

各级人民政府要将农业劳动力的培训工作列入年度工作考核的内容，结合本地区情况制定具体的实施计划和各阶段目标、任务和进度。充分利用一切可以利用的资源广泛开展各种培训工作。整合本地区教育资源，扩大培训和教育规模，完善教学培训条件。充分发挥农村职业学校、成人学校和普通中学的作用，调整专业结构，采取多种途径完善农村体系。

借助网络技术。随着新时代网络技术的不断发展，在线教育成为农业劳动力就业教育的重要途径之一。政府可以建立在线教育平台与网络教育体系，让更多农业劳动力参与技术培训。随着电商事业蓬勃发展，可开设电商培训课程，鼓励有一定基础的劳动力通过电商平台自主创业，同时为其他劳动力提供就业岗位。引导当地龙头企业与农业劳动力合作，根据农业龙头企业的需要，提高农业劳动力的技术水平和农产品加工水平，通过合作机制拓展农业劳动力的就业空间。

3. 制定激励政策提高培训效率

对于承担培训任务的用人单位，培训经费计入成本在税前列支。

具备条件的教育培训机构，可以申请使用培训扶持基金，当然，取得扶持基金的培训机构须相应降低学员的收费标准。对于参加培训的农业劳动者应进行补贴或者奖励，对符合条件的劳动者颁发相应的鉴定证书。

加强农业劳动力培训的师资队伍建设工作，扩充教师队伍，提高教师教学水平，针对农业劳动力培训目标编写和选用合适教材；根据劳动力市场变化，及时向社会公布劳动力市场的供求状况，做好农业劳动力的跟踪服务和就业指导工作。对于农业劳动力的培训工作，各级人民政府和相关部门要做好监督检查工作，做到资金到位，工作有成效。

（三）保障农业劳动力合法权益

1. 规范化管理就业服务

对就业服务进行规范化管理，是政府在拓展农业劳动力就业路径时需要重点注意的问题之一。可以成立就业工作领导小组，明确小组成员各自的职责与工作内容，科学扩大农业劳动力的就业规模，进一步实现就业服务的规范化管理。

当前，农村就业市场中存在很多问题，一些就业服务机构对农业劳动力收取大量费用后，没有为劳动力提供合适的岗位，这严重损害了农业劳动力的利益。政府及相关部门应查处并整顿该类机构，维护农业劳动力的合法权益。相关执法机构需要加大执法力度，依法取缔不规范机构。只有不规范的机构退出就业市场，才能保障农业劳动力就业工作有效开展，使市场更加透明化，降低农业劳动力外出就业的成本，有效扩大农业劳动力的就业规模。

农民工为我国的发展作出了巨大的贡献，但当前社会中仍然存在排斥农民工的现象。服务于城市的社会保障体系和公共福利并没有为农民工提供更多的权益，这就要求政府及有关工作人员在拓展农业劳动力就业路径的同时扶持农民工创业，对农民的创业收入采取税收减免政策，在一段时间内免收创业农民工的营业税。这样不仅可以鼓励农民工积极创业，还能为其他农民工提供更多就业机会。

2. 建立统筹管理的就业机制

想要拓展就业路径，政府还需要解决城乡发展分裂及地区保护等问题。首先，出台农业劳动力自主择业政策，让劳动力在统一有序的前提下进入人才市场选择职业。其次，采取适当的政策，融合农村与城市资源，通过惠农政策鼓励农业劳动力积极就业。最后，建立城乡紧密结合的发展模式，政府及相关部门、工作人员结合当地农村发展实际状况，针对性地为农业劳动力就业提供有力措施。在城乡统筹发展的条件下保障农村经济稳步发展。

消除就业歧视现象能够有效地构建稳定的农业劳动力就业环境。政府要对城乡用人单位制定统一的管理方法，这样可以使农民工进城就业后得到有效的管理。为了及时解决农民工在就业中遇到的问题，可以设立相关的管理档案，对进城务工的农民工进行登记，例如，可以通过城乡一体化的户籍管理体系，对在城市内务工并有稳定住所的农业劳动力进行登记管理，以此保障农业劳动力合理有效的流动。注意保障登记信息完整准确，以便更好地维护农业劳动力的基本权利。这样不仅能够解决许多复杂问题，还能保障农业劳动力进城务工后享受到一定福利，提高农业劳动力进城务工的积极性。

深化户籍制度改革的实质是消除附加在户籍上的城乡居民在各种社会保障中的差异，真正实现城乡居民平等，进而逐步实现城乡人口的自由流动。这就要求统一城乡居民的各项社会福利和社会权益，彻底改变以户籍制度为基准的各项政策。改变不同城乡背景下不同产品的供给体制，真正消除阻碍农业劳动力就业的因素，帮助农业劳动力实现自由迁居。进一步实现低保、养老保险等各项社会福利制度的城乡平衡，实现流动人口与当地居民权益平等。

第二节　农业劳动力流转政策

一、农业劳动力转移现阶段政策的发展

进入 21 世纪后，农业劳动力转移政策发生了根本性的变化。因

此，称为农业劳动力转移的现阶段政策，农业劳动力转移新政策是根据国家树立以人为本、全面协调可持续的科学发展观的发展理念而制定的，把解决农民工问题放在解决“三农”问题、推进工业化与城市化战略的全局之中，对农业转移劳动力进行恰当的定位，积极进行政策的调整、充实和完善，由限制转移变为鼓励转移，着力保障合法权益，为农业劳动力转移创造良好环境，公共政策也进入了统筹城乡发展、以人为本、公平对待的轨道。

2001 年开展了清理整顿对农民工乱收费的工作，除证书工本费外，行政事业性收费一律取消。2002 年提出“公平对待，合理引导，完善管理，搞好服务”的方针，要消除不利于城镇化发展的体制和政策障碍，引导农业劳动力合理有序流动。2003 年国务院办公厅印发了专门促进农民进城务工的综合性文件《国务院办公厅关于做好农民进城务工就业管理和服务工作的通知》，取消对农民进城就业的不合理限制，解决拖欠和克扣农民工工资问题，改善农民工生产生活条件，做好培训工作、多渠道安排农民工子女就学。国务院颁布了《工伤保险条例》，首次将农民工纳入保险范围；废止了城市流浪乞讨人员收容遣送办法，明确流入地政府负责农民工子女受义务教育工作以全日制公办中小学为主，明确各级财政在财政支出中安排专项经费扶持农民工培训工作；提出逐步统一城乡劳动力市场，形成城乡劳动者平等就业制度。2004 年中共中央、国务院提出进城就业的农民工已经成为产业工人的重要组成部分，要保障农民工的合法权益，城市政府要切实把对进城农民的职业培训、子女教育、劳动保障及其他服务和管理经费纳入正常的财政预算。2005 年中共中央、国务院提出公共就业服务机构对进城求职的农村劳动者要提供免费的职业介绍服务和一次性职业培训补贴。2006 年的《国务院关于解决农民工问题的若干意见》明确提出坚持从我国国情出发，统筹城乡发展，以人为本，认真解决涉及农民工利益的问题。对解决工资偏低和拖欠问题、依法规范劳动管理，搞好就业服务和培训，解决社会保障问题，提供相关公共服务，健全维护农民工权益的保障机制等提出了一系列政策，为全面解决农民工问题打下了的政策基础。2007 年全国人大通过了《中华人民共和国就业促进法》《中华人民共和国劳动合同法》和《中华人民共和国劳动争议调解仲裁法》。2008 年，《国务院办公厅关于切实做好当前农民工工作的通知》提出，广开农民工就业门路，积极扶持中小企业、劳动密集型产业和服务业，提高吸纳农民工就业的能力。2009 年，为应对金融危机对农民工就业的影响，国家采取了更加积极的就业政策。2014 年国务院为进一步做好为农民工服务工作提出意见。2015 年《农业部办公厅、共青团中央办公厅、人力资源社会保障部办公厅关于开展农村青年创业富民行动的通知》提出形成农村青年创业发展新格局，带动农民增收致富。2019 年国、地税征管体制改革方案提出企业必须给每位员工缴纳保险，包括农民工，由税务部门强制为农民购买社保费用。2020 年《农业农村部办公厅关于应对新冠肺炎疫情影响扩大农业劳动力就业促进农民增收的通知》指出，各地要把扩大农业劳动力就业、促进农民增收作为应对新冠肺炎疫情影响及实现决胜全面建成小康社会、决战脱贫攻坚战目标任务的重要举措。

二、农业劳动力转移政策的内容

我国颁布了《农业劳动力跨省流动就业管理暂行规定》等一系列规范性文件，旨在加强对农民跨地区流动的管理。但是农业劳动力向城镇发展是国家工业化过程中的必经阶段，对于这一现象，应减少限制和阻碍，进行积极的支持。

目前，我国农业劳动力转移的政策体系的内容包括以下 7 个部分。

（1）鼓励农村人口转移就业，建立城乡统一的劳动力市场和平等的就业制度　清理和取消各种针对农民工进城就业的歧视性规定和不合理限制，取消对企业使用农民工的行政审批和行政收费，不得以解决城镇劳动力就业为由清退和排斥农业劳动力统筹城乡就业，改革城乡分割的就业管理体制，建立城乡统一、平等竞争的劳动力市场，逐步形成市场经济条件下促进农村富余劳动力转移就业的机制，为城乡劳动者提供平等的就业机会和服务。

（2）解决农民工工资待遇偏低和劳动权益保障问题　健全劳动合同制，规范用人单位的工资支付行为，确保农民工工资按时足额发放，建立工资支付监控制度和工资保证金制度，加大对拖欠农民工工资用人单位的处罚力度，改变农民工工资偏低、同工不同酬的状况，严格执行最低工资制度，合理确定并适时调整最低工资标准，制定和推行小时最低工资标准，严格执行国家关于职工休息休假的规定，延长工时和休息日、法定假日工作的，要依法支付加班工资，建立企业工资集体协商制度，促进农民工工资合理增长；依法保障农民工职业安全和卫生权益，严格执行国家职业安全和劳动保护规程及标准；企业按规定配备安全生产和职业病防护设施，对从事可能产生职业危害作业的人员定期进行健康检查，从事高危行业和特种作业的农民工要经专门培训、持证上岗；禁止使用童工，依法保护女工的特殊权益。

(3) 城乡公共服务平等惠及农业转移劳动力　把农业转移劳动力纳入城市公共服务体系，让其在就业服务、培训、子女教育、居住和疫病防治等方面共享公共服务，城市公共职业介绍机构向农业劳动力开放，免费提供政策咨询、就业信息、就业指导和职业介绍；保障农民工子女平等接受义务教育的权利，以全日制公办中小学为主接收入学，不得向农民工子女加收借读费及其他任何费用，对政府委托承担农民工子女义务教育的民办学校给予办学经费、师资培训等方面的支持和指导；强化对农民工健康教育和聚居地的疾病监测；输入地政府要把农民工计划生育管理和服务经费纳入地方财政预算；改善农业转移劳动力的居住条件，保证其基本的卫生和安全条件。

(4) 加强培训和职业教育，提高农业转移劳动力的就业能力和综合素质　扩大农业劳动力转移培训规模，提高培训质量，继续实施好农业劳动力转移培训阳光工程。完善农民工培训补贴办法，对参加培训的农民工给予适当培训费补贴，推广培训券等直接补贴的做法。支持用人单位建立稳定的劳务培训基地，发展订单式培训。输入地要把提高农民工岗位技能纳入当地职业培训计划。把农民工培训责任落实到相关部门和用人单位，对不履行培训义务的用人单位，应按国家规定强制收取职工教育培训费，用于政府组织的培训，充分发挥各类教育、培训机构和工青妇组织的作用。大力发展面向农村的职业教育，支持各类职业技术院校扩大农村招生规模，鼓励农村初高中毕业生接受正规职业技术教育。

(5) 积极稳妥构建农业劳动力的社会保障体系　所有用人单位必须及时为农民工办理参加工伤保险手续。未参加工伤保险的农民工发生工伤。由用人单位按照工伤保险规定的标准支付费用。重点解决农民工进城务工期间的住院医疗保障问题，主要由用人单位缴费。适应农民工流动性大、工资收入偏低的情况和特点，养老保险实行低标准进入，保险关系和待遇能够转移接续，使农民工在流动就业中的社会保障权益不受损害。有条件的地方，可直接将稳定就业的农民工纳入城镇职工基本养老保险。

(6) 深化户籍制度改革　为在城市已有稳定职业和住所的农业转移劳动力创造条件使之逐步转化为城市居民。中小城市和小城镇适当放宽农民工落户条件；大城市要积极稳妥地解决符合条件农民工的户籍问题，对农民工中的劳动模范、先进工作者和高级技工、技师以及其他有突出贡献者，应优先准予落户。

(7) 健全维护农民工权益的保障机制　保障农民工依法享有的民主政治权利，保障农民工人身自由和人格尊严，保护农民工土地承包权益。健全劳动法规，加大维护农民工权益的执法力度。加强和改进劳动争议调解、仲裁工作，涉及劳动报酬、工伤待遇的要优先审理、简化程序。把农民工列为法律援助的重点对象，工会要以劳动合同、劳动工资、劳动条件和职业安全卫生为重点，督促用人单位履行法律法规规定的义务，维护农民工合法权益。

三、农业劳动力转移政策的实施途径

(1) 取消对农业劳动力转移的限制政策，培育和完善劳动力市场　2005年，原劳动部颁布的《农业劳动力跨省流动就业管理暂行规定》《关于严禁滥发流动就业证卡的紧急通知》等一系列文件被废止，为农业劳动力的转移提供了更好的环境。同时，加大力度培育和完善劳动力市场。坚持以市场配置劳动力资源的方向，尊重农业劳动力自主就业的权利；建立健全就业服务体系，大力发展城乡一体化的劳动就业中介组织提供就业信息服务、职业介绍、技能培训、就业指导等社会化的全套就业服务，引导农业劳动力有序就业；完善和规范政府管理，以促进统一开放、公平竞争的劳动力市场的形成。

（2）促进农业劳动力转移就业　坚持市场导向、城乡统筹，改善就业环境，拓宽就业渠道，引导各类企事业单位和社区提供更多的就业机会；发展公共就业服务机构为农村劳动者提供更多就业岗位。加大培训工作力度，有针对性地制定培训计划，提高农村劳动者的就业竞争能力和创业能力。各地区根据本地区的实际情况，制定相应的社会保障制度，确定合理的保障水平，保证农业劳动力无论是行业还是地域的转移过程中，都能得到最低的生活保障。

（3）调整农业产业结构，大力发展乡镇企业　发展精准农业、集约农业，加强农田水利基础设施建设，治理改造中低产田，提高复种指数以及采用高新科学技术等开拓农业的视野，建立大农业的观点，全面发展种植业、林业、牧业、渔业，通过农业内部结构的调整，促进农业的全面发展，以吸收更多的农村剩余劳动力。同时，乡镇企业依然要发展成为吸收农村剩余劳动力的主渠道之一。在宏观政策上，应给予乡镇企业更多的指导与扶持，为其创造一个公平竞争的制度环境和社会环境，减轻其不合理负担；在产业政策上，应促进乡镇企业调整转型，大力扶持农副产品加工业等劳动密集型产业；在区域政策上，结合小城镇建设，重点扶持中西部地区乡镇企业发展在技术选择上，应引导乡镇企业走劳动密集型与资本密集型相结合的路子，以提高乡镇企业吸收劳动力就业的能力。

（4）阳光工程　为了加强农业劳动力转移培训工作，从2004年起农业部、财政部、劳动和社会保障部、教育部、科技部、建设部共同组织实施农业劳动力转移培训阳光工程（简称阳光工程）。阳光工程是由政府公共财政支持，主要在粮食主产区、劳动力主要输出地区、贫困地区和革命老区开展的农业劳动力转移到非农领域就业前的职业技能培训示范项目。按照“政府推动、学校主办、部门监管、农民受益”的原则组织实施。《农村劳动力转移职业技能培训阳光工程项目管理办法（试行）》规定，阳光工程培训项目以短期的职业技能培训为重点，辅助开展引导性培训，培训时间一般为15~90天。根据国家职业技能标准和就业岗位的要求，安排培训内容，设置培训课程。职业技能培训以定点和定向培训为主，当前的培训重点是家政服务、餐饮、酒店、保健、建筑、制造等用工量大的行业的职业技能。

第七章　农村财政、金融与税收

第一节　财政支农政策

财政部、农业农村部发布的2022年重点强农惠农政策如下。

一、粮食生产支持

（一）实际种粮农民一次性补贴

为适当弥补农资价格上涨增加的种粮成本支出，保障种粮农民合理收益，中央财政对实际种粮农民发放一次性农资补贴，释放支持粮食生产积极信号，稳定农民收入，调动农民种粮积极性。补贴对象为实际承担农资价格上涨成本的实际种粮者，包括利用自有承包地种粮的农民，流转土地种粮的大户、家庭农场农民合作社、农业企业等新型农业经营主体，以及开展粮食耕种收全程社会化服务的个人和组织，确保补贴资金落实到实际种粮者手中，提升补贴政策的精准性。补贴标准由各地区结合有关情况综合确定，原则上县域内补贴标准应统一。

（二）农机购置与应用补贴

开展农机购置与应用补贴试点，开展常态化作业信息化监测，优化补贴兑付方式，把作业量作为农机购置与应用补贴分步兑付的前置条件，为全面实施农机购置与应用补贴政策夯实基础。推进补贴机具有进有出、优机优补，推进北斗智能终端在农业生产领域应用。支持开展农机研发制造推广应用一体化试点。

（三）重点作物绿色高质高效行动

聚焦围绕粮食和大豆油料作物，集成推广新技术、新品种、新机具，打造一批优质强筋弱筋专用小麦、优质食味稻和专用加工早稻、高产优质玉米的粮食示范基地，同时集成示范推广高油高蛋白大豆、“双低”油菜等优质品种和区域化、标准化高产栽培技术模式，打造一批大豆油料高产攻关田，示范带动大范围均衡增产。适当兼顾蔬菜等经济作物，建设绿色高质高效示范田和品质提升基地。

（四）农业生产社会化服务

聚焦粮食和大豆油料生产，支持符合条件的农民合作社、农村集体经济组织、专业服务公司和供销合作社等主体开展社会化服务，推动服务带动型规模经营发展。支持各类服务主体集中连片开展单环节、多环节、全程托管等服务，提高技术到位率、服务覆盖面和补贴精准性，推动节本增效和农民增收。

（五）基层农技推广体系改革与建设

聚焦粮食稳产增产、大豆油料扩种、农产品有效供给等重点，根据不同区域自然条件和生产方式，示范推广重大引领性技术和农业主推技术，推动农业科技在县域层面转化应用。继续实施农业重大技术协同推广，激发各类推广主体活力，建立联动示范推广机制。继续实施农技推广特聘计划，通过政府购买服务等方式，从乡土专家、新型农业经营主体、种养能手中招募特聘农技（动物防疫）员。

（六）玉米大豆生产者补贴、稻谷补贴和产粮大县奖励

国家继续实施玉米和大豆生产者补贴、稻谷补贴和产粮大县奖励等政策，巩固农业供给侧结构性改革成效，保障国家粮食安全。

二、畜牧业健康发展

（一）奶业振兴行动

择优支持奶业大县发展奶牛标准化规模养殖，推广应用先进智能设施装备，推进奶牛养殖和饲草料种植配套衔接，选择有条件的奶农、农民合作社依靠自有奶源开展养加一体化试点，示范带动奶业高质量发展。实施苜蓿发展行动，支持苜蓿种植、收获、运输、加工、储存等基础设施建设和装备提升，增强苜蓿等优质饲草料供给能力。

（二）粮改饲

以农牧交错带和黄淮海地区为重点，支持规模化草食家畜养殖场

（户）、企业或农民合作社以及专业化饲草收储服务组织等主体，收储使用青贮玉米、苜蓿、饲用燕麦、黑麦草、饲用黑麦、饲用高粱等优质饲草，通过以养带种的方式加快推动种植结构调整和现代饲草产业发展。各地可根据当地养殖传统和资源情况，因地制宜将有饲用需求的区域特色饲草品种纳入范围。

（三）肉牛肉羊增量提质行动

进一步扩大项目实施范围，在吉林、山东、河南、云南等19个省（自治区），选择产业基础相对较好的牛（羊）养殖大县，支持开展基础母牛扩群提质和种草养牛养羊全产业链发展。

（四）生猪（牛羊）调出大县奖励

包括生猪调出大县奖励、牛羊调出大县奖励和省级统筹奖励资金。生猪调出大县奖励资金和牛羊调出大县奖励资金由县级人民政府统筹安排用于支持本县生猪（牛羊）生产流通和产业发展，省级统筹奖励资金由省级人民政府统筹安排用于支持本省（自治区、直辖市）生猪（牛羊）生产流通和产业发展。

三、新型经营主体培育

（一）高素质农民培育

统筹推进新型农业经营服务主体能力提升、种养加能手技能培训、农村创新创业者培养、乡村治理及社会事业发展带头人培育。继续开展农村实用人才带头人和到村任职选调生培训。启动实施乡村产业振兴带头人培育“头雁”项目，打造一支与农业农村现代化相适应，能够引领一方、带动一片的乡村产业振兴带头人“头雁”队伍。

（二）新型农业经营主体高质量发展

支持县级及以上农民合作社、示范社和示范家庭农场改善生产经营条件，规范财务核算，应用先进技术，推进社、企对接，提升规模化、集约化、信息化生产能力。着力加大对从事粮食和大豆油料种植的家庭农场和农民合作社、联合社支持力度。鼓励各地加强新型农业经营主体辅导员队伍和服务中心建设，可通过政府购买服务方式，委托其为家庭农场和农民合作社提供技术指导产业发展、财务管理、市场营销等服务。鼓励各地开展农民合作社质量提升整县推进。

（三）农业信贷担保服务

重点服务家庭农场、农民合作社、农业社会化服务组织、小微农业企业等农业适度规模经营主体。服务范围限定为农业生产及与其直接相关的产业融合项目，加大对粮食和大豆油料生产乡村产业发展等重点领域的信贷担保支持力度，助力农业经营主体信贷直通车常态化服务，提升数字化、信息化服务水平。在有效防范风险的前提下，加快发展首担业务。中央财政对省级农担公司开展的符合“双控”要求的政策性农担业务予以奖补，支持其降低担保费用和应对代偿风险。

四、农业防灾减灾

（一）农业生产救灾

中央财政对各地农业重大自然灾害及农业生物灾害的预防控制和灾后恢复生产工作给予适当补助。支持范围包括农业重大自然灾害预防及农业生物灾害防控所需的物资材料补助，恢复农业生产措施所需的物资材料补助，牧区抗灾保畜所需的储草棚（库）、牲畜暖棚和应急调运饲草料补助等。支持小麦促弱转壮，支持实施小麦“一喷三防”。

（二）动物疫病防控

中央财政对动物疫病强制免疫、强制扑杀和销毁、养殖环节无害化处理工作给予补助。强制免疫补助经费主要用于开展口蹄疫、高致病性禽流感、小反刍兽疫、布鲁氏菌病、包虫病（棘球蚴病）等动物强制免疫疫苗（驱虫药物）采购、储存、注射（投喂）以及免疫效果监测评价、人员防护等相关防控工作，以及对实施和购买动物防疫服务等予以补助；继续对符合条件的养殖场（户）实施强制免疫“先打后补”。国家对在动物疫病预防、控制、净化、消灭过程中强制扑杀的动物、销毁的动物产品和相关物品的所有者给予补偿，补助经费由中央财政和地方财政共同承担。国家对养殖环节病死猪无害化处理予以支持，由各地根据有关要求，结合当地实际，完善无害化处理补助政策，切实做好养殖环节无害化处理工作。

（三）农业保险保费补贴

在地方财政自主开展、自愿承担一定补贴比例基础上，中央财政对稻谷、小麦、玉米、棉花、马铃薯、油料作物、糖料作物、天然橡胶、能繁母猪、育肥猪、奶牛、森林、青稞、牦牛、藏系羊，以及三大粮食作物制种保险给予保费补贴支持。加大农业保险保费补贴支持力度，中央财政对中西部和东北地区的种植业保险保费补贴比例由35%或40%统一提高至45%，实现三大粮食作物完全成本保险和种植收入保险主产省、产粮大县全覆盖，将中央财政对地方优势特色农产品保险奖补政策扩大至全国。继续开展“保险+期货”试点。

第二节　农村金融

一、我国农村金融服务体系概述

农村金融服务对象是农业、农村和农民。经过多年的改革与发展，我国已形成了包括商业性、政策性、合作性金融机构在内的，以国有商业银行为主体、农村信用社为核心、民间借贷为补充的农村金融体系，在关心农民、关注农村、支持农业经济发展上发挥了重要作用，农村金融服务机构已经发展到可以为用户提供投资、储蓄、信贷、结算、兑换、商业保险以及金融信息咨询等多方面的服务。

二、新型农村金融贷款业务

（一）小额贷款

1. 贷款银行

我国支持农业贷款的金融机构有农业银行、邮政储蓄银行、信用社和其他各类商业银行。以农村信用社为例，农户可以持贷款证及有效身份证件，直接到农村信用社申请办理。农村信用社在接到贷款申请时，要对贷款用途及额度进行审核，一般额度控制5万~10万元。

信用社还有农民联保贷款，三五户农民组成联保小组，相互为彼此贷款担保。有联保的贷款额度比个人信用贷款额度相对高些。

2. 贷款用项

种植业、养殖业等农业生产费用贷款；农机具贷款；围绕农业产前、产中、产后服务贷款及购置生活用品、建房、治病、子女上学等消费类贷款。

3. 抵押或担保

以农业银行为例。农业银行创新了农机具抵押、农副产品抵押、林权抵押、农村新型产权抵押。按照“公司+农户”担保、专业合作社担保等抵押或担保方式，还允许对符合条件的客户发放信用贷款。

（1）土地经营权抵押贷款　土地经营权抵押贷款是指农户或合作社将合法的农村土地承包经营权向金融机构申请做抵押的贷款。贷款需提交的资料包括。身份证明或其他证明材料；土地经营权权属证明资料；农村土地经营权抵押登记申请书；农村土地经营权抵押登记证；土地经营权抵押承诺书；抵押贷款申请书；银行要求的其他材料。

（2）林权抵押贷款　开展林权抵押贷款业务要建立抵押财产价值评估制度，对抵押林权进行价值评估。对于贷款金额在 30 万元以下的林权抵押贷款项目，贷款人要参照当地市场价格自行评估，不得向借款人收取评估费。抵押贷款程序如下。

① 权利人提交林权证。

② 权利人提交书面抵押申请（包括个人基本情况、林权情况、贷款额、金融资信证明等），权利人是个人的，提交个人身份证复印件，权利人是单位的提交法人身份证复印件和单位资质证明复印件。

③ 乡镇林业站在书面抵押申请上签署初审意见。

④ 县林业规划调查设计队现场评估，制作评估报告。

⑤ 提供金融部门的贷款协议。

⑥ 金融部门提供单位注册复印件和法人身份证复印件，缴费，办理他项权证。

（二）合作社贷款

1. 优惠利率

农民专业合作社及其成员贷款可以实行优惠利率，具体优惠幅度由各地结合当地实际情况确定。

2. 贷款条件

经工商行政管理部门核准登记，取得农民专业合作社法人营业执照。有固定的生产经营服务场所，依法从事农民专业合作社章程规定的生产、经营、服务等活动；具有健全的组织机构和财务管理制度，能够按时向农村信用社报送有关材料；在申请贷款的银行开立存款账户，自愿接受信贷监督和结算监督；无不良贷款及欠息；银行规定的其他条件。

（三）家庭农场贷款

农业银行对家庭农场贷款额度最高为1000万元，除了满足购买农业生产资料等流动资金需求，还可以用于农田基本设施建设和支付土地流转费用，贷款期限最长可达5年。

三、村镇银行

（一）村镇银行概述

村镇银行是指经国家金融监督管理总局依据有关法律法规批准，由境内外金融机构、境内非金融机构企业法人、境内自然人出资，在农村地区设立的主要为当地农民、农业和农村经济发展提供金融服务的银行业金融机构。村镇银行是独立的企业法人，享有由股东投资形成的全部法人财产权，依法享有民事权利，并以全部法人财产独立承担民事责任。

村镇银行股东依法享有资产收益、参与重大决策和选择管理者等权利。并以其出资额或认购股份为限对村镇银行的债务承担责任。村镇银行以安全性、流动性、效益性为经营原则，自主经营、自担风险、自负盈亏、自我约束。

（二）村镇银行的优劣势

1. 优势

① 政策优势。国家对村镇银行有很大的政策优惠、政策。

② 发起行的支持。发起行对村镇银行在资金、人员及企业文化等

方面的支持。

③ 制度上的路径依赖比较弱，有利于发展创新。

④ 决策链条短，扁平化管理。对市场变化、环境的反应与决策机制比较快，几乎无中间环节。

⑤ 激励机制相对比较灵活，有利于充分调动人的积极性创造性，把人的潜能充分发挥出来。

⑥ 贴近社区，草根金融。充分利用人缘、地缘优势，扎根地方，深入社区，凭借本土化熟人社会，在营销和风险管控方面有很大优势。

2. 劣势

① 规模小。在资金实力、人才队伍、信息技术等综合实力方面相对较弱，业务品种单一，创新能力不足。

② 所处生态环境比较薄弱。大多地处县域以下偏远、贫困地区，生态环境薄弱，实体经济相对弱小，人均收入水平相对较低。

③ IT 系统还不够完善，在发展互联网金融、普惠金融，特别是移动金融服务方面处于劣势。

④ 支付结算体系不畅，无法开办联行业务，无法加入大小额支付系统，只能进行资金的手工清算，汇划速度慢，差错事故率高。

⑤ 认知度低、公信力不足，导致村镇银行吸收社会存款难度大、成本高、存款稳定性差，存款保险制度推出以后，对村镇银行还会有新的冲击。

第三节　涉农税收优惠政策

一、增值税的税收优惠

（一）自产农产品免征增值税优惠

根据《中华人民共和国增值税暂行条例》（中华人民共和国国务院令第 538 号）第十五条规定："农业生产者销售的自产农产品免征增值税。而且该优惠事项可以申报享受税收减免，无须报送资料。其中农产品，是指种植业、养殖业、林业、牧业、水产业生产的各种植物、动物的初级产品。”具体征税范围继续按照《财政部国家税务总局关于印发〈农业产品征税范围注释〉的通知》（财税字〔1995〕52号）及现行相关规定执行。

（二）农民专业合作社免征增值税优惠

根据《财政部国家税务总局关于农民专业合作社有关税收政策的通知》（财税〔2008〕81号）和《财政部、国家税务总局关于对化肥恢复征收增值税政策的补充通知》（财税〔2015〕97号）等规定，对农民专业合作社销售本社成员生产的农业产品，视同农业生产者销售自产农业产品免征增值税。对农民专业合作社向本社成员销售的农膜、种子、种苗、农药、农机，免征增值税。

（三）农业生产资料免征增值税优惠

根据《财政部国家税务总局关于若干农业生产资料免征增值税政策的通知》（财税〔2001〕113号）规定，销售以下货物免征增值税。农膜；生产销售的阿维菌素、胺菊酯、百菌清、苯噻酰草胺、苄嘧磺隆、草除灵、吡虫啉、丙烯菊酯、哒螨灵、代森锰锌、稻瘟灵、敌百虫、丁草胺、啶虫脒、多抗霉素、二甲戊乐灵、二嗪磷、氟乐灵、高效氯氰菊酯、炔螨特、甲多丹、甲基硫菌灵、甲基异硫磷、甲（乙）基毒死蜱、甲（乙）基嘧啶磷、精恶唑禾草灵、精喹禾灵、井冈霉素、咪鲜胺、灭多威、灭蝇胺、苜蓿银纹夜蛾核型多角体病毒、噻磺隆、三氟氯氰菊酯、三唑磷、三唑酮、杀虫单、杀虫双、顺式氯氰菊酯、涕灭威、烯唑醇、辛硫磷、辛酰溴苯腈、异丙甲草胺、乙阿合剂、乙草胺、乙酰甲胺磷、莠去津；批发和零售的种子、种苗、农药、农机。《财政部国家税务总局关于不带动力的手扶拖拉机和三轮农用运输车增值税政策的通知》（财税〔2002〕89号）规定，不带动力的手扶拖拉机（也称手扶拖拉机底盘）和三轮农用运输车（指以单缸柴油机为动力装置的三个车轮的农用运输车辆）属于“农机”，应按有关“农机”的增值税政策规定免征增值税。

（四）承包地流转给农业生产者用于农业生产免征增值税优惠

根据《财政部、税务总局关于建筑服务等营改增试点政策的通知》(财税〔2017〕58号)规定,纳税人采取转包、出租互换、转让、入股等方式将承包地流转给农业生产者用于农业生产,免征增值税。

(五)将土地使用权转让给农业生产者用于农业生产免征增值税

根据《财政部国家税务总局关于全面推开营业税改征增值税试点的通知》(财税〔2016〕36号 附件3)规定,将土地使用权转让给农业生产者用于农业生产免征增值税。将国有农用地出租给农业生产者用于农业生产免征增值税。

根据《财政部、税务总局关于明确国有农用地出租等增值税政策的公告》(财政部、税务总局〔2020〕第2号公告)规定,纳税人将国有农用地出租给农业生产者用于农业生产,免征增值税。

二、企业所得税的税收优惠

(一)从事农、林、牧、渔业项目的所得减免征收企业所得税

根据2019年修订《中华人民共和国企业所得税法实施条例》第八十六条规定如下。

1. 企业从事下列项目的所得,免征企业所得税

① 蔬菜、谷物、薯类、油料、豆类、棉花、麻类、糖料水果、坚果的种植。

② 农作物新品种的选育。

③ 中药材的种植。

④ 林木的培育和种植。

⑤ 牲畜、家禽的饲养。

⑥ 林产品的采集。

⑦ 灌溉、农产品初加工、兽医、农技推广、农机作业和维修等农、林、牧、渔服务业项目。

⑧ 远洋捕捞。

2. 企业从事下列项目的所得,减半征收企业所得税

① 花卉、茶以及其他饮料作物和香料作物的种植。

② 海水养殖、内陆养殖。

如企业从事国家限制和禁止发展的项目，则不得享受本条规定的企业所得税优惠。

（二）“公司+农户”经营模式从事农、林、牧、渔业生产减免企业所得税

根据《国家税务总局关于“公司+农户”经营模式企业所得税优惠问题的公告》（国家税务总局〔2010〕第2号公告）规定，以“公司+农户”经营模式从事农、林、牧、渔业项目生产的企业，享受减免企业所得税优惠政策。企业采取“公司+农户”经营模式从事牲畜、家禽的饲养，即公司与农户签订委托养殖合同，向农户提供畜禽苗、饲料、兽药及疫苗等所有权（产权）仍属于公司，农户将畜禽养大成为成品后交付公司回收。

（三）从事农村饮水工程新建项目投资经营的所得定期减免企业所得税

根据《财政部、税务总局关于继续实行农村饮水安全工程税收优惠政策的公告》（财政部、税务总局〔2019〕第67号公告）和《财政部、税务总局关于延长部分税收优惠政策执行期限的公告》（财政部、税务总局〔2021〕第6号公告）规定，对饮水工程运营管理单位从事《公共基础设施项目企业所得税优惠目录》规定的饮水工程新建项目投资经营的所得，自项目取得第一笔生产经营收入所属纳税年度起，第一年至第三年免征企业所得税，第四年至第六年减半征收企业所得税。

三、耕地占用税的税收优惠

（一）农村宅基地减征耕地占用税

根据《中华人民共和国耕地占用税法》（以下简称《耕地占用税法》）规定，农村居民在规定用地标准以内占用耕地新建自用住宅，按照当地适用税额减半征收耕地占用税。

（二）农村住房搬迁免征耕地占用税

根据《耕地占用税法》规定，农村居民经批准搬迁，新建自用住

宅占用耕地不超过原宅基地面积的部分，免征耕地占用税。

第四节　农业农村保险

一、农业保险的基本概念

（一）农业保险的定义

农业保险是指保险机构根据农业保险合同，对被保险人在种植业、林业、畜牧业和渔业生产中因保险标的遭受约定的自然灾害、意外事故、疫病、疾病等保险事故所造成的财产损失，承担赔偿保险金责任的保险活动。

（二）可以赔偿和不赔偿的风险

可以赔偿的风险主要有两类。一类是自然灾害和意外事故，如水灾、冰雹、疫病等；另一类是为公共事业牺牲个人利益，如为防止牲畜疫病蔓延扑杀掩埋病畜等。

保险不赔偿的风险主要包括政治风险、道德风险和管理风险。发生了战争或是投保人故意的行为都属于免赔范围；另外，发生灾害后未按规定要求采取必要的减损措施，也会影响正常的索赔。

农业保险不能完全规避价格风险。虽然我国已在多地试点推行了多种农产品价格保险，但价格风险的规避仍然任重道远。

二、农业保险的种类

（一）种植业保险、畜牧业保险、渔业保险和森林保险

按照农业生产对象的不同，农业保险可以分为种植业保险、畜牧业保险、渔业保险和森林保险。种植业保险通俗来说就是农作物保险，如水稻、小麦等；畜牧业保险主要适用于牲畜和家禽；渔业保险是为渔民量身打造的；森林保险就是森林卫士。

（二）能繁母猪的保险

不是所有能繁母猪都能参加保险，前提条件是它打了专用耳标。

耳标好比动物的“身份证”，它是佩戴在动物耳部，用于记录标的畜龄、防疫等信息的标牌，以数字、二维码或者电子芯片的形式标记。另外，能繁母猪能否投保还受到母猪畜龄、存栏量、饲养圈舍卫生、健康状况、防疫记录等因素限制。

一般来说投保人及其家庭成员、被保险人及其家庭成员、投保人或被保险人雇佣人员的故意行为导致标的死亡，保险公司不予以赔付。

母猪因得传染病被强行扑杀，在保险期间内，由于发生保险条款列明的高传染性疫病，政府实施强制扑杀导致保险母猪死亡，保险公司也负责赔偿，但赔偿金额以保险金额扣减政府扑杀专项补贴金额的差额为限。

（三）农村劳动力意外伤害救灾保险

农村劳动力意外伤害救灾保险是居住在农村的无严重疾病和伤残的家庭劳动者因自然灾害或意外事故造成严重伤残或死亡时，由国家、集体和劳动者个人共同集资成立的救灾保险互济组织，按条款规定及时给付救助费或补助金。目的是通过国家、集体和劳动者个人共同筹集一定的救灾保险基金，用来保障农村劳动力伤残有医治、死亡有补偿的一种社会保险制度，以促进农村社会安定和生产力发展。

1. 农村劳动力意外伤害救灾保险范围

农村劳动力意外伤害救灾保险的对象是农村年满 18 周岁至 60 周岁的无严重疾病或伤残的家庭劳动者。保险期限一般为一年，即自投保人缴纳保费之日起，至期满日 24 时止。保险责任，凡因下列原因导致家庭劳动力严重伤残、死亡时，救灾保险互济组织负责补偿或救助。水灾、火灾、风雹、雪冻、地震、冰雹、泥石流及雷击触电；爆炸、交通事故、中毒、猛兽袭击；固定物体倒塌、空中运行物撞击或机械事故。农村集体承保的生产队（组）负责人及农场主对所属单位的农工、合同工和受聘人员在保险期内负有因意外人身伤害享受补偿的责任。

2. 救灾保险互济组织不负保险或救助责任的原因

由下列原因导致在保劳动力严重伤残或死亡时，救灾保险互济组织不负保险或救助责任。长期或突发性疾病；被保人及其家庭人员、亲友的故意行为；打架、斗殴、酗酒或违章违纪、违法、犯罪及不道德行为；战争或军事行为，以及集会、游行、公共娱乐场所引起的伤害。

（四）农业保险险种的财政补贴

农业保险有政策性农业保险和商业性农业保险，只有政策性农业保险才可以享受财政补贴。具体的政策性农业保险险种要依据地方的实际来确定，种类和范围在各地区都有所不同。比较常见的保费补贴品种有水稻、小麦、玉米、能繁母猪、奶牛、天然橡胶、森林等。

（五）涉农保险

涉农保险是指农业保险以外，为农民在农业生产生活中提供保险保障的保险，包括农房、农机具、渔船等财产保险，涉及农民的生命和身体等方面的短期意外伤害保险。

三、普惠的“三农”保险

《国务院关于加快发展现代保险服务业的若干意见》（国发〔2014〕29号）规定，各地根据自身实际，支持保险机构提供保障适度、保费低廉、保单通俗的“三农”保险产品。积极发展农村小额信贷保险、农房保险、农机保险、农业基础设施保险、森林保险，以及农民养老健康保险、农村小额人身保险等普惠保险业务。

（一）农村小额信贷保险

农村小额信贷保险是保险公司在银行向农户发放小额贷款时，专为贷款农户提供的意外伤害保险，一般涵盖意外伤残及意外身故保险责任。

（二）农房保险

农房保险是由政府补贴，农户自愿参加的保险，农户保险每户保险费30元，农户只需交20元，其余10元由政府补贴。“五保户”保费全部由政府补贴，每户农户政府只补贴一处农房参加保险。

在保险期间，由于下列原因造成保险标的的损失，保险人按照保险合同的约定负责赔偿。火灾、爆炸；雷击、台风、龙卷风、暴雨、暴风、洪水、暴雪、冰雹、冰凌、泥石流、崖崩、突发性滑坡、地面突然下陷；飞行物体及其他空中运行物体坠落，外来不属于被保险人所有或使用的建筑物和其他固定物体的倒塌；地震。

（三）农机保险

农机保险是由保险人（包括各种保险组织）为农机拥有者使用人员，在农机田间作业、道路运输、农业生产、农产品加工等生产经营过程中，遭受自然灾害或者意外事故所造成的损失提供经济补偿的保险保障制度。

农机保险可以分为两类。一类是为了补偿农机拥有者在农机事故中因农机具损坏所造成的损失，主要是农机具损失险；另一类是为了补偿在农机事故中因人员伤亡造成的损失，主要包括人身伤害险和第三者责任险。

（四）农村小额人身保险

农村小额人身保险是为遭遇意外风险的农村居民提供补偿的一项保险服务产品，是新农合的有效补充，首次填补了意外事故、残疾赔付的空白，是政府推行的一项惠民工程。人身意外伤害保险是指投保人向保险公司缴纳一定金额的保费，当被保险人在保险期限内遭受意外伤害，并以此为直接原因造成死亡或残疾时，保险公司按照合同的约定向被保险人或受益人支付一定数量保险金的一种保险。

1. 参保对象

① 具有农村户口，出生 28 天以上的农村居民都可以参加，年龄没有上限。

② 无职业限制。保险的期限是 1 年，自保险合同生效之日起到约定终止日为止，到期可续保。

2. 农村小额人身保险的保险范围

被保险人如果因为意外伤害而导致身故，可以获得 30000 元的保险金。被保险人因为意外伤害而导致身体残疾（在意外伤害发生之日起 180 日内，确定伤残等级）的，按国家的规定残疾比例给付保险金，最多可以赔付30000元。被保险人因为意外的伤害而导致的医药费、诊疗费，按照合理的费用80%报销，一次或累计赔付的保险金额为3000元。在新农合报销之后，剩余还没有报完的部分可以利用农村小额人身保险继续报销。

需要注意的是，由于每个地区自身发展不同，具体参保和赔付规则，需要根据当地社保局规定为准。

第八章　农业科技推广政策

第一节　农业科技政策概述

科学技术是第一生产力，农业科学技术是推动农业发展最关键的要素。随着全球科学技术的迅速发展，更多地依靠科学技术进步既是农业结构演变的趋向和特征，也是实现农业可持续发展和转变增长方式的基本要求，科技兴农对从根本上解决关系国家兴衰的农业问题具有重要意义。

一、农业科学技术概述

（一）农业科学技术

科学技术是科学和技术的总称，包括科学和技术两个方面。农业科学技术是揭示农业生产领域发展规律的知识体系及其在生产中应用成果的总称，包括农业科学和农业技术两个方面。农业科学是指探索农业领域中自然规律和经济规律的经验总结和知识体系，大致可分为农业基础科学、农业环境科学和农业技术科学。农业技术是指应用于种植业、林业、畜牧业、渔业的科研成果和实用技术，包括良种繁育、施用肥料、病虫害防治、栽培和养殖技术，农副产品加工、保鲜、储运技术，农业机械技术和农业航空技术，农田水利、土壤改良与水土保持技术，农村供水、农村能源利用和农业环境保护技术，农业气象技术及农业经营管理技术等。农业技术是农业科学产生和发展的重要基础，农业科学是农业技术进步的基本前提。

（二）农业科学技术在农业中的地位和作用

农业科学技术产生于农业生产，又通过自身的发展来带动和影响生产力和经济发展，农业生产每一阶段的进步都离不开科学技术。传统农业向现代农业的转化，具体体现为以高科技为主导的高能量、高物质投入代替经验型的简单体力劳动，所以说农业科学技术的发展是农业生产进步的前提。

1. 提高资源利用效率，促进农业可持续发展

将农业科技应用于农业生产实践，能提高农业资源的利用效率。我国是农业自然资源极度贫乏的国家，人均耕地和水资源占有量均低于世界平均水平，农业资源相对贫乏，生态环境脆弱。在农业生产中引入科技会有效地改善制约农业发展的资源状况，促进和实现农业可持续发展。如提高水资源利用率的喷灌、滴灌等各种灌溉技术，可以降低水资源的耗用，使农业在持续发展过程中对水的需求得以减少；中低产田综合开发技术、各种土地改良技术、化肥使用技术可以改善土地质量、提升地力、提高土地产出率，使土地资源总量保持动态平衡，保证土地满足农业持续发展的需要；开发农村沼气、生物质能、太阳能，既可以缓解农村地区能源短缺的状况，又能保护和改善生态环境；在水利科技推动下的农田水利化，可以有效地提高水资源的利用率，变水害为水利，降低水的浪费与污染，保护水质，净化水源。

2. 推动农业资源向广度与深度开发

农业科学技术的进步会促使新的劳动工具的产生和生产方式的改进，极大地改善农业生产条件，使有限的资源生产出更多的产品。农业科技的推广及应用过程是通过科学技术影响农业生产过程的各个要素，促进农业资源向深度与广度开发的过程，每一项农业科技成果在农业生产中的合理使用，无疑都提高了农业资源的转化效率，致使一些原来不能利用的资源得以充分地利用，原来较低的资源利用程度得到提高，显著地提高了资源的产出率。如盐碱地的改造技术可以使荒地变成粮仓，沙漠的综合开发可以形成沙产业；设施农业、集约化种养技术，打破了自然条件的限制，使农、畜牧产品的周年生产成为可能，极大地提高了产品的产出率；海水、淡水养殖技术的进步，使沿海滩涂变成水产品养殖场；地膜覆盖技术使光热得以充分利用，二年三季的地区可以变成一年两季等。

3. 引导农业结构优化调整

农业新技术革命优化了农业原来的产业结构、产品结构、技术结构，使农业的内涵由农、林、牧、渔等第一产业向第二产业、第三产业延伸。现代生物技术拓宽了培育新物种、创造新产品的途径，信息技术和遥感技术在改进生产管理、合理调配农业资源、优化农业结构、发展区域农业和特色农业方面发挥着越来越重要的作用。例如，德国对甜菜、马铃薯、油菜、玉米等进行定向选育，从中制取乙醇、甲烷，成功地研制出了“绿色能源”。

4. 加快农业现代化，提高农业生产效益

农业现代化的中心是农业科学化，包括生产技术科学化、生产过程科学化、生产管理科学化，农业科学技术的应用为农业现代化和生产效率的提高创造了条件，如农业机械化的实现使农业劳动生产率大大提高，农业作业环境改善，农业作业过程更加精细、标准和规范，从而增加农业产出和提高农业效益等。农业科学化水平越高，则农业现代化实现的基础越好，农业生产效益提高的空间越大。例如，在种植业领域通过转基因技术实现重组，作物育种已转向优质、高产、超高产、多抗等多目标性状改良，在多种目标性状的遗传改良中已取得了突出的成就，并先后选育出超级稻、专用小麦、优质特用玉米、抗虫棉等农作物，在抗（耐）逆性育种方面，主要是作物抗（耐）寒冷、高温、湿渍、干旱、盐碱、土壤重金属元素等品种选育。例如，农业科学家应用基因技术使棉花朝一个方向生长，棉叶在收获以前全部脱落，这样联合收割机便可以采摘干干净净的棉花，而不会粘有棉叶等杂质。

5. 提高农业生产者的技能水平

承担农业劳动的农业生产者是农业科技成果应用的主体，其生产技能水平和素质的高低直接影响着先进的农业科学技术能否转化为现实生产力，以及农业生产效率的高低。随着科学技术的进步和推广使用，农业生产者的生产技能也相应地不断提高。

6. 保障国家食物安全，巩固和提高农业综合生产能力

人口增长、资源制约、人民生活质量提高和农村劳动力转移，都

对农业生产能力提出了更高的要求，主要农产品需求增长的压力将长期存在。因此，要确保农产品有效供给，提高其品质和质量，保障农产品质量安全，必须依靠科技创新，深入挖掘生物遗传潜力，创新种养模式，大幅度提高土地生产率，为现代农业发展提供物质和技术保障。

7. 提高农业抗风险能力

随着农业生产中科学技术的应用，农业的自然风险可以得到减轻甚至消除，从而使农业生产摆脱“靠天吃饭”的困境。比如，温室技术的出现结束了农业生产属于生物过程而不能摆脱自然气候条件制约的历史，开启了按人类的意志决定生产成果的时代。通过农产品的加工储藏技术，利用现代信息技术使农民及时掌握第一手的市场信息等，能提高农民抵御市场风险的能力。比如，美国农业部的经济研究机构和美国农业部的世界展望局每年定期公布 60 多个国家、120 多个品种的市场信息，实际上是运用一系列的技术手段，包括卫星图片的分析、遥感技术、传统的抽样调查、计算机模拟分析等，测算每一个具体农产品的供给量、需求域和价格，给农民一种非常准确、全面地市场预测，从而引导农业生产。

二、农业科技政策的内容和工具

农业科技政策是一个国家或政党在一定历史阶段为保证农业科技的发展和应用使科技更好地服务于农业经济和社会发展而制定的指导方针和行动准则。

（一）农业科技政策的内容

农业科学技术政策的主要内容包括农业科技发展政策和农业技术推广政策等。

农业科技发展政策是指农业科技发展的战略决策，即总目标、总任务、总方针，包括科技体制，科技的投资、结构和发展重点，智力开发，农业生产布局等方面的农业技术推广政策包括农业科学研究政策和农业技术政策两个方面。农业科学研究政策是指科技活动中涉及的所有关于农业科技组织管理的政策，诸如经费、人员设备、成果、信息等管理方面的各种政策。农业技术政策是指与农业有直接关系的各种农业应用技术政策，包括技术引进政策、技术转让政策、能源政策、环境保护政策及技术推广政策。

（二）农业科技政策的工具

政策目标的实现，需要通过一定的政策工具或政策手段来完成。政策工具是为实现一定政策目标，政府采用的具体手段或方式。罗斯威尔和赛格菲尔德认为政策工具可分为供给型、环境型和需求型三种类型，要保证政策的合理性与科学性，需要平衡使用三种政策工具。

1. 供给型政策工具

供给型政策工具主要是指对政策目标起到直接促进作用的政策，体现着政府的重要导向作用，政府对资金、人才、信息、设施等方面提供有效支持，直接扩大供给具体细分为资金投入、基础设施建设、教育培训、信息科技支持和公共服务等。对农业科技发展来说，供给型政策工具能改善农业科技相关要素的供给，是农业科技发展的推动力量。

2. 环境型政策工具

环境型政策工具主要是指政府通过计划、法规管制、财务金融、税收制度等一系列客观环境因素，创造和提供有利的政策环境，间接地影响和促进政策目标的实现，体现了政策的隐性影响力。

3. 需求型政策工具

需求型政策工具指的是政府为减少市场的不确定性而制定的有关采购与贸易管制等方面的措施，可以降低各种市场外部不利因素的影响。具体有政府采购、服务外包、国际交流与贸易管制等。农业科技的需求型政策工具主要是通过积极开拓和稳定农业科技市场，以此带动农业科技发展。

第二节　乡村振兴发展的科技创新驱动政策

以习近平新时代中国特色社会主义思想为指导，全面贯彻党的二十大和二十届二中全会精神，加强党对“三农”工作的领导，坚持稳中求进工作总基调，牢固树立新发展理念，落实高质量发展要求，紧紧围绕统筹推进“五位一体”总体布局和协调推进“四个全面”战略布局，按照农业农村现代化总目标和“产业兴旺、生态宜居、乡风文明、治理有效、生活富裕”的总要求，以创新驱动乡村振兴发展，统筹部署农业农村领域基础研究、应用基础研究和技术创新工程，推动科学研究、基地建设人才队伍一体化发展，打造农业农村战略性科技力量，提高农业创新力、竞争力和全要素生产率，为加快推进农业农村现代化提供科技支撑，走中国特色社会主义乡村振兴道路，让农业成为有奔头的产业，让农民成为有吸引力的职业，让农村成为安居乐业的美丽家园。

以农业农村现代化为总目标，坚持农业农村优先发展总方针，以“产业兴旺、生态宜居、乡风文明、治理有效、生活富裕”总要求为科技创新出发点和落脚点，到2022年，创新驱动乡村振兴发展取得重要进展，农业科技进步贡献率达到61.5%以上，实现农业科技创新，以有力地支撑全面建成小康社会的目标。农业科技创新能力和技术发展水平显著提升，农业科技型企业快速发展，农业综合效益和产业竞争力显著增强，创新平台、基地和人才队伍建设成效显著，农业农村科技创新体系更加健全，农业农村创新创业生态更加优化。

到2035年，创新驱动乡村振兴发展取得决定性进展，科技支撑农业农村现代化基本实现。农业农村科技创新体系更加完善，农业农村科技创新供给能力大幅提升，农业科技实力大幅跃升。农业科技型企业发展壮大，农业高新技术产业竞争力进一步增强，农业新技术、新产品、新模式和新业态不断涌现，促进农民就业创业取得显著成效。科技支撑农业高质量发展，农村人居环境明显改善。到2050年，建成世界农业科技强国，支撑引领乡村全面振兴，全面实现农业强、农村美、农民富的农业农村现代化强国目标。

一、强化农业农村科技创新供给

培育农业农村科技创新主体，健全创新主体协同互动和创新要素高效配置的国家农业科技创新体系。加强农业基础与应用基础研究，实现前沿性和原创性研究重大突破。部署实施一批重点研发专项、重大项目，提升农业农村现代化科技创新水平，强化农业农村现代化科技创新供给。

（一）强化农业基础与应用基础研究

针对农业农村领域重大科学问题、世界科技前沿和未来科技发展趋势，集中优势力量，部署基础和应用基础研究重点方向，实现重大科学突破，抢占现代农业科技发展制高点，为保障国家粮食安全、食品安全和生态安全，提升我国农业产业国际竞争力奠定坚实基础。

（二）实施农业农村现代化技术创新工程

针对事关农业农村现代化建设的重大战略性、关键性技术瓶颈，系统部署种业自主创新、蓝色粮仓科技创新、主要经济作物优质高产与提质增效科技创新、非洲猪瘟等外来动物疫病防控、"第二粮仓"科技创新、现代牧场科技创新、森林质量绿色发展、绿色宜居村镇建设等农业农村现代化技术创新任务，提升关键核心技术创新能力为农业农村高质量发展提供有力的科技支撑。

二、统筹农业农村科技创新基地

建设布局一批战略定位高端、组织运行开放、创新资源集聚的科技创新基地与平台，打造农业科技国家战略力量建设和完善符合新时代农业农村科技创新发展的国家实验室、国家农业产业技术创新战略联盟、国家技术创新中心等平台基地网络体系，为服务国家农业、农村科技创新提供持续的基础保障。

三、加强农业农村科技人才队伍建设

加强农业农村领域科技领军人才、创新创业人才和创新团队培养，为农业农村科技创新创业提供高端人才保障。深入推行科技特派员制度，鼓励各地创新开展专家服务团等选派方式。积极探索农业农村创新创业的新空间、新业态、新模式，并统筹资源进一步加大倾斜支持力度。实施乡村实用科技人才培育行动，推进各类乡村振兴实施主体的科技素质和职业技能提升。

四、加快农业高新技术产业发展

推动国家农业高新技术产业示范区、国家农业科技园区、省级农业科技园区的建设发展。总结杨凌示范区干旱半干旱农业发展经验、黄河三角洲示范区盐碱地治理建设经验，围绕现代畜牧业、农机装备、智慧农业、有机旱作农业、热带特色高效农业等主题，培育建设国家农业高新技术产业示范区，推动国家农业科技园区、省级农业科技园区建设，吸引更多的农业高新技术企业到科技园区落户。通过高新技术引领和改造传统农业，用现代商业模式激活农业，打造现代农业创新高地、人才高地和产业高地，推动三次产业融合、产城产镇产村融合和农业上中下游形成产业聚集效应，显著提升我国农业的国际竞争力，通过科技园区的示范带动作用，建立与农户的衔接机制，让农民共享产业融合发展的增值收益，连片带动乡村振兴。

第九章 公共服务一体化的政策

第一节 义务教育、职业教育的法规与政策

一、义务教育概述

（一）义务教育的概念及内涵

《中华人民共和国义务教育法》（以下简称《义务教育法》）指出，义务教育是国家统一施行的，只要到了一定学龄的孩童和青少年必须接受的教育，是国家必须予以支持和保障的事业行为。实施义务教育不收学费、杂费。从这我们可以看出，义务教育中的“义务”是双向的。它既是适龄儿童、未成年人必须接受教育的一种义务，同时也是国家必须保障教育的义务。

由我国义务教育法对义务教育的限定可以看出我国义务教育具有免费性、强制性、全面性 3 个基本性质。免费性就是明确规定接受教育不会多掏钱。全面性是指凡具有中国国籍的适龄儿童、少年，不论男女，抑或少数民族等都可以去学校学习。强制性又叫义务性。谁违反这个义务，谁就要受到法律的制裁。

（二）均衡义务教育的必要性

1. 基于教育公平理论

人们一直在倡议教育的公正合理。我们可以这样界定教育公正。教育公正，是国家要满足每个人对教育的理念和构想的需要，合理利用教育设施和资源。教育公平，即教育从开端就要公平，然后是中间过程公平和结果的公平。而起点和过程要是不公平的，那么结果公平是不大可能的。

2. 基于基本公共服务均等化理论

义务教育当然属于基本公共服务，当然也包括了义务教育服务的财政层面。所以作为一项基本的公共服务，义务教育必须均等化覆盖到社会每一位居民身上，政府不仅应该向其国民提供义务教育服务，而且政府应该提供非差别对待的义务教育服务。

二、义务教育法律要求

（一）学生

根据《义务教育法》的规定，凡具有中华人民共和国国籍的适龄儿童、少年，不分性别、民族、种族、家庭财产状况、宗教信仰等，依法享有平等接受义务教育的权利，并履行接受教育的义务。

凡年满六周岁的儿童，其父母或者其他法定监护人应当送其入学接受并完成义务教育；条件不具备的地区的儿童，可以推迟到七周岁。

适龄儿童、少年因身体状况需要延缓入学或者休学的，其父母或者其他法定监护人应当提出申请，由当地乡镇人民政府或者县级人民政府教育行政部门批准。

适龄儿童、少年免试入学。地方各级人民政府应当保障适龄儿童、少年在户籍所在地学校就近入学。

父母或者其他法定监护人在非户籍所在地工作或者居住的适龄儿童、少年，在其父母或者其他法定监护人工作或者居住地接受义务教育的，当地人民政府应当为其提供平等接受义务教育的条件。县级人民政府教育行政部门对本行政区域内的军人子女接受义务教育予以保障。

（二）学校

县级以上地方人民政府根据本行政区域内居住的适龄儿童、青少年的数量和分布状况等因素，按照国家有关规定，制定、调整学校设置规划。新建居民区需要设置学校的，应当与居民区的建设同步进行。

学校建设，应当符合国家规定的办学标准，适应教育教学需要；

应当符合国家规定的选址要求和建设标准，确保学生和教职工安全。

县级人民政府根据需要设置寄宿制学校，保障居住分散的适龄儿童、少年入学接受义务教育。

国务院教育行政部门和省、自治区、直辖市人民政府根据需要，在经济发达地区设置接收少数民族适龄儿童、青少年的学校。

县级以上地方人民政府根据需要设置相应的实施特殊教育的学校（班），对视力残疾、听力语言残疾和智力残疾的适龄儿童、青少年实施义务教育。特殊教育学校（班）应当具备适应残疾儿童、少年学习、康复、生活特点的场所和设施。

普通学校应当接收具有接受普通教育能力的残疾适龄儿童少年随班就读，并为其学习、康复提供帮助。

（三）教师

教师享有法律规定的权利，履行法律规定的义务，应当为人师表，忠诚于人民的教育事业。全社会应当尊重教师。

教师在教育教学中应当平等对待学生，关注学生的个体差异，因材施教，促进学生的充分发展。教师应当尊重学生的人格，不得歧视学生，不得对学生实施体罚、变相体罚或者其他侮辱人格尊严的行为，不得侵犯学生合法权益。

教师应当取得国家规定的教师资格。国家建立统一的义务教育教师职务制度。教师职务分为初级职务、中级职务和高级职务。

各级人民政府保障教师工资福利和社会保险待遇，改善教师工作和生活条件；完善农村教师工资经费保障机制。教师的平均工资水平应当不低于当地公务员的平均工资水平。特殊教育教师享有特殊岗位补助津贴。在民族地区和边远贫困地区工作的教师享有艰苦贫困地区补助津贴。

三、农业职业教育政策

（一）农业教育概述

农民的文化、科学素质是促进农村经济发展，提高农民收入的一个重要因素。农民的文化水平，决定着农民对党的政策的理解能力，及其对资源、资金、物资的利用程度，也决定着农民科技素质的高低。农民文化和科技水平的高低，影响着他们对科学技术的掌握和运用，影响着他们对生活门路的开拓和从业选择，影响着他们对当地资源的开发利用，影响着经济发展速度。而农民文化、科技水平的提高，归根结底要依靠农业教育。

农业教育是指以农业科学技术知识为教学内容的学校教育，广义上也包括与农业技术推广有关的宣传、示范活动和农民教育等。农业发展的根本在于农业技术，而农业技术的基础在于农业教育，农业教育是科技兴农的基础。农业教育是传授农业科学知识和农业生产技术的重要手段，从知识、技能和思想品德上培养一定社会所需要的农业科技、管理人员和农业劳动者的活动。

农业教育起源于农业生产劳动实践，又反过来为发展农业生产服务。在现代社会，科学技术已成为农业生产力的重要因素。因此，农业教育的发展又受科学技术发展水平的制约，并对促使科学技术为农业劳动者和农业工作者所掌握，从而转化成为现实的生产力有十分重要的作用。农业教育和农业科学研究、农业推广三者密切结合、相互促进，已成为农业中智力投资的重要形式，推动农业生产发展的有效途径。

（二）农业教育的类型

农业教育作为社会主义教育体系的一个重要组成部分，其任务是为实现农业的社会主义现代化，培养从高级农业科学技术专家到中级技术人员、初级技术人员、管理人员以及受过良好技术训练的农业劳动者。农业教育的实施，有高等农业教育、中等农业教育以及各种形式的成人农业教育等不同的层次。

1. 农村职业教育

农业职业教育是指在农村对农民或农业劳动者实施一种或多种技术的谋生教育。主要包括农业科学普通教育，是指高等农业教育和中等农业教育；农业科技人员的继续教育，是指提高现有农业科技人员和农业科技管理人员的业务水平，是在普通教育的基础上更高层次的教育；国家鼓励开展农业高等教育自学考试、远程开放教育等。

2. 农业专业技术人员继续教育

我国早在1989年就颁布了《农业专业技术人员继续教育暂行规定》，其目的在于使农业继续教育要面向现代化、面向世界、面向未来，坚持立足当前，着眼长远，讲求实效，按需施教，学用一致的原则，更好地为提高农业专门人才素质服务，为农业生产和农村经济建设服务。

农业继续教育是农业教育体系中的重要组成部分。其对象是具有中专以上文化程度或初级以上专业技术职务，从事农业生产、技术推广、科研、教育、管理及其他专业技术工作的在职人员。重点是具有中级以上专业技术职务的中、青年骨干。农业继续教育的任务是使受教育者的知识、技能不断得到补充、更新、拓宽和加深，以保持其先进性，更好地满足岗位职务的需要，促进农业科技进步、经济繁荣和社会发展。农业继续教育按照不同层次确定培养目标。

① 初级农业专业技术人员主要是学习专业基本知识和进行实际技能的训练，以提高岗位适应能力，为继续深造，加快成长打好基础。

② 中级农业专业技术人员主要是更新知识和拓宽知识面，结合本职工作，学习新理论、新技术、新方法，了解国内外科技发展动态，培养独立解决复杂技术问题的能力。

③ 高级农业专业技术人员要熟悉和掌握本专业、本学科新的科技和管理知识，研究解决重大技术课题，成为本行业的技术专家和学术（学科）带头人。

农业继续教育的内容要紧密结合农业技术进步，技术成果推广以及管理现代化的需要，按照不同专业、不同职务、不同岗位的知识结构和业务水平要求，注重新颖、实用，力求做到针对性、实用性、科学性和先进性四统一。农业继续教育以短期培训和业余自学为主，广开学路，采取多渠道、多层次、多形式进行。

3. 农业技术教育培训

农业技术教育培训的方式包括通过实用技术培训，向农民普及推广农业科学技术，传授科学理论知识和生产技能；就农民外出打工的不同工种进行技术培训，提高本地外出就业的竞争能力；通过开展农民中等学历教育，培养一支能够适应农村经济发展需要的乡、村基层管理干部和技术人员队伍；通过实施“绿色证书”工程，对具有初、高中文化程度的农民进行岗位培训。

“绿色证书”是农民从事专项农业技术工作所需要具备的知识、技能和其他条件的资格证明，1997 年我国公布了《中华人民共和国绿色证书制度管理办法》，由原农业部主管全国的“绿色证书”工作。

第二节　公共卫生体系建设政策

一、农村居民医疗保障政策

农村居民医疗保障政策是指为解决农村居民看病难、就医难和“因病致贫、因病返贫”等问题而制定的政策。要健全农村医疗卫生服务，大力发展乡村医生队伍，建设加强农村基层卫生人才培养，完善基本公共卫生服务；加快全民医保体系的构建。根据近年来的中央一号文件的相关内容，农村居民医疗保障政策主要包括以下几个方面。

（一）医护人才建设方面

2015 年，国务院办公厅印发《关于进一步加强乡村医生队伍建设的实施意见》，着力解决“学历层次低，考取医师难；社会地位低，人才引进难；收入待遇低，队伍稳定难；保障水平低，保险衔接难；工作起点低，筹措经费难”等乡村医生发展难题。通过 10 年左右的努力，力争使乡村医生总体具备中专及以上学历，逐步具备执业助理医师及以上资格，乡村医生各方面合理待遇得到较好保障，基本建成一支素质较高、适应需要的乡村医生队伍。

（二）卫生监督方面

《2012 年政府工作报告》《中共中央、国务院关于加快发展现代农业进一步增强农村发展活力的若干意见》等要求，搞好农村人口和计划生育工作，稳定农村计划生育网络和队伍；降低药品价格，彻底解决以高药价来提高医生收入的不良经营模式。

（三）农村医疗保障制度方面

《关于进一步完善医疗救助制度全面开展重特大疾病医疗救助工作的意见》《中共中央、国务院关于印发全国新型农村合作医疗异地就医联网结报实施方案的通知》《关于推进新型农村合作医疗支付方式改革工作的指导意见》《关于做好新型农村合作医疗跨省就医费用核查和结报工作的指导意见》等文件指出，要进一步提高政府财政部门对农村居民医疗保险的补助力度。2021 年，国家医保局等部委印发《关于做好 2021 年城乡居民基本医疗保障工作的通知》，2021 年继续提高居民医保筹资标准，居民医保人均财政补助标准提高到 580 元；同时指出要完善大病保险，扩大药品保障范围；推进医保全国联网，农民可以在其他城市进行医保的使用，提高报销比例，加快医疗资源进入农村。

二、新型农村合作医疗

新型农村合作医疗（简称新农合）是指由政府组织、引导、支持，农民自愿参加，个人、集体和政府多方筹资，以大病统筹为主的农民医疗互助共济制度。

建立新型农村合作医疗制度，是从我国基本国情出发，解决农民看病难问题的一项重大举措，对于提高农民健康水平、缓解农民因病致贫、因病返贫、统筹城乡发展、实现全面建成小康社会目标具有重要作用。

新型农村合作医疗制度从 2003 年起在全国部分县（市）试点，到 2010 年逐步实现基本覆盖全国农村居民。2002 年 10 月，《中共中央、国务院关于进一步加强农村卫生工作的决定》明确指出，“逐步建立以大病统筹为主的新型农村合作医疗制度”，“到 2010 年，新型农村合作医疗制度要基本覆盖农村居民”，“从 2003 年起，中央财政对中西部地区除市区以外的参加新型合作医疗的农民每年按人均 10 元安排合作医疗补助资金，地方财政对参加新型合作医疗的农民补助每年不低于人均 10 元”，“农民为参加合作医疗、抵御疾病风险而履行缴费义务不能视为增加农民负担”。这是我国政府历史上第一次为解决农民的基本医疗卫生问题进行大规模的投入。从2003年开始，本着多方筹资，农民自愿参加的原则，新型农村合作医疗的试点地区正在不断地增加，通过试点地区的经验总结，为将来新型农村合作医疗在全国的全面开展创造了坚实的理论与实践基础。

第三节　农村社会保障制度

一、农民权益保护立法

我国是一个传统的农业大国，农民占全国人口的大多数，有着特殊的地位，是中国特色社会主义事业的重要建设者和新农村建设的主体。农民问题始终是一个关系到我国经济建设和社会发展全局的重要问题。在全面建成小康社会的进程中，社会主义新农村建设和城镇化建设的宏伟目标能否实现，在很大程度上取决于能否解决好农民问题，而农民问题的根本又是如何保障农民权益的问题。

近年来，在党和政府的关怀下，农村发生了翻天覆地的变化，农民的经济状况和社会地位也都有了很大提高。但是，伴随着经济迅速发展，我国社会群体利益分化加速，农民弱势化趋势十分明显。各种惠农政策因缺乏稳定性，对农民权利的保护力度相当有限，部分有关农民权利保护的法律规定，也因缺乏明确性影响了法律的实施效果。在法律、政策的实施过程中，农民权益保护不力，忽视甚至侵害农民权益的现象时有发生。在这种形势下，《中共中央关于推进农村改革发展若干重大问题的决定》明确指出，必须切实保障农民权益，始终把实现好、维护好、发展好广大农民根本利益作为农村一切工作的出发点和落脚点。坚持以人为本，尊重农民意愿，着力解决农民最关心、最直接、最现实的利益问题，保障农民政治、经济、文化、社会权益，提高农民综合素质，促进农民全面发展，充分发挥农民主体作用和首创精神，紧紧依靠亿万农民建设社会主义新农村。

农民权益是指农村居民作为社会成员、国家公民应享有的权利以及这些权利在法律上的反映、体现和实现程度。农民权益的表现形式多种多样，但最重要的是关于农民经济和政治权利的法律保护。

（一）农民经济权益保护

土地权益是农民诸多权益的重中之重，保护农民的土地权利，是对农民权益最直接、最具体、最实在的保护。但目前在土地征用方面普遍存在侵害农民权益的问题。因此，各级机关应加强执法监督，保证《土地管理法》《农村土地承包法》等法律法规得到切实有效的施行。要坚决纠正乱占滥用耕地，违法转让农村土地，随意破坏农村土地承包关系，造成农民失地又失业，严重损害农民利益和国家利益的行为。

保护农民的经济权益，首先要确认农民的土地承包权利。土地是农业生产的最基本要素，也是农民最基本的生活保障和最核心的利益问题。农民在土地方面面临的突出问题主要有以下方面。一是土地承包关系不稳定。一些地方仍存在承包期内随意调整承包地的现象，一些村集体甚至违背农民意愿，违法收回农户承包地，侵害了农民的合法权益。农民承包地块面积不准、四至不清、位置不明、期限不定等情况也很普遍。二是土地流转机制不健全。一些地方土地流转存在求大、求快倾向，超越了当地农村劳动力转移的速度。还有一些地方为吸引投资，行政推动土地大规模向工商资本集中，出现了与农民争利和“土地非农化”现象。一些地方土地流转市场不完善，农民的土地流转收益得不到保障，农民对土地流转心存顾虑，不敢流转，不愿流转。三是财产权益保障不力。主要是征地过程中侵害农民利益的问题比较突出。一些地方征地规模过大，不尊重农民意愿，强行征地，补偿标准太低，对失地农民不能妥善安置。这方面的问题解决不好，会妨碍现代农业发展，损害农民利益，影响农村长期稳定。

改革开放前，法律对农民土地使用权的保护力度不够，以致挫伤了农民向土地长期投资的积极性，造成土地经营短期行为，土地地力得不到维持和改善。改革开放初期，农村家庭联产承包责任制的推行，使中国基本解决了吃饭问题。土地承包期限开始确定为 15 年。1993 年，中央提出在原定的耕地承包期到期后再延长 30 年不变，这一政策大大促进了农民的生产投资。2003 年 3 月起施行的《农村土地承包法》，对农村土地承包问题进一步作出了较为全面而详细的规定。实际上，农村土地制度的核心产权是农民的土地承包权，因此，农村土地制度法治建设的关键是对农民的土地承包权进行法律界定和保护。对此，《农村土地承包法》作了明确规定："维护承包方的土地承包经营权，不得非法变更、解除承包合同。"这些规定，对于稳定农村土地承包关系，确认农民土地承包权起到了非常重要的作用。目前，我们要加快推进农村集体土地的确权颁证工作，包括农村耕地承包经营权、农村集体建设用地使用权、农村集体资产收益权、农房所有权和林地使用权等，用权属证的形式确权到户，使之成为农民明确、法定的资产，尤其要做到程序公开透明公正，并在此基础上积极探索各类土地的使用权流转新机制，完善农业产业化利益联结机制，促使农民的土地物权由身份权向财产权转变，使农民的土地物权由虚变实，实现农村资源向资本的转变，从而为农村发展注入活力。

保护农民的经济权益，还应充分发挥村民委员会、农业合作社等民间力量在农村纠纷中的调解作用，发挥各级行政机关的行政解决机制，发挥各级人民法院在农村纠纷中的诉讼解决机制，构建起农民权益受损后的多元救济途径。

（二）农民政治权利保护

政治权利是经济利益的根本保障。一个政治权利没有保障的社会阶层，其经济利益也不会安全。因此，应加强对农民政治权利的保护。要在各级人民代表大会中增加农民代表名额，扩大民意诉求通道，保证农民以合法正当的方式表达自己的权益。要解决县、乡（镇）农民代表中代表素质不高、代表意识不强的问题，不断提高农民代表履行职责的能力和水平，以有效地维护农民群众的合法权益。还要加强对《中华人民共和国村民委员会组织法》（以下简称《村民委员会组织法》）实施情况的监督检查，加快推进基层民主政治建设，拓展农民利益表达渠道，健全村民议事会、监事会等农村自治组织和各类经济合作组织，积极推行"村务公开、村民自治"，真正做到民主选举、民主决策、民主管理、民主监督，使农民在村集体公共事务决策中有制度性的"话语权"，保障农民公平竞争、平等发展的机会和条件。同时，要强化对农民的法律援助工作，为其保护自身合法权益提供免费的法律服务。《村民委员会组织法》是保障村民充分行使民主自治权利的法律依据，反映了广大农民的愿望，代表了农民的根本利益。《村民委员会组织法》具体规定了民主选举、民主议事、民主决策以及财务公开、民主评议和村民委员会定期报告工作为主要内容的民主监督制度。其中，村务公开制度是实现民主监督的中心环节，也是实行村民自治的关键。该法规定了村民委员会应当及时公布的具体事项，即财务事项至少每六个月公布一次，接受村民的监督。而且要求村民委员会应当保证公布内容的真实性，并接受村民的查询。财务公开制度的贯彻落实具有多方面积极意义和作用。

二、农民工权益保护立法

（一）重视农民工权益保护的原因

农民工是我国改革开放和工业化、城镇化进程中涌现的一支新型劳动大军。他们户籍仍在农村，主要从事非农产业，有的在农闲季节外出务工、亦工亦农，流动性强，有的长期在城市就业，已成为产业工人的重要组成部分。据统计，目前我国每年有2.6亿农民外出打工，其中1.6亿进城打工。大量农民进城务工或在乡镇企业就业，对我国现代化建设作出了重大贡献。农民外出务工，为城市创造了财富，为农村增加了收入，为城乡发展注入了活力，成为工业带动农业、城市带动农村、发达地区带动落后地区的有效形式，同时促进了市场导向、自主择业、竞争就业机制的形成，为改变城乡二元结构、解决“三农”问题闯出了一条新路。返乡创业的农民工，带回资金、技术和市场经济观念，直接促进社会主义新农村建设。进一步做好农民工工作，对于改革发展稳定的全局和顺利推进工业化、城镇化、现代化都具有重大意义。

（二）农民工权益保护存在的问题

近年来，党中央、国务院高度重视农民工问题，制定了一系列保障农民工权益和改善农民工就业环境的政策措施，各地区、各部门做了大量工作，取得了明显成效。但农民工面临的问题仍然十分突出，侵害农民工合法权益问题仍然存在。一是就业和劳动权益保障不充分。现在，二三产业持续发展面临诸多挑战，企业转型升级带来挤出效应，促进农民工特别是新生代农民工稳定就业是一个很大难题。已经就业的农民工，由于城乡二元就业体制，劳动合同签订率低，劳动安全防护水平不高，恶意拖欠工资时有发生。二是农民工公共服务不完善。农民工还不能真正平等享受城市基本公共服务，特别是子女上学、看病就医、社会保障、住房租购等面临许多困难，农民工市民化进程不顺畅。三是农民工社会归属面临困境。农民工特别是新生代农民工，大多处在城市最底层，很容易被边缘化。绝大部分新生代农民工本身没有地，从来就没有种过地，也不想再回去种地。如果他们不能融入城市、融入主流社会，就会成为“漂泊一族”甚至城市贫民，影响整个社会的和谐稳定。

（三）解决农民工问题的基本原则

解决农民工问题的基本原则主要有以下方面。

1. 公平对待，一视同仁

尊重和维护农民工的合法权益，消除对农民进城务工的歧视性规定和体制性障碍，使他们和城市职工享有同等的权利和义务。

2. 强化服务，完善管理

转变政府职能，加强和改善对农民工的公共服务和社会管理，发挥企业、社区和中介组织作用，为农民工生活与劳动创造良好环境和有利条件。

3. 统筹规划，合理引导

实行农村劳动力异地转移与就地转移相结合。既要积极引导农民进城务工，又要大力发展乡镇企业和县域经济，扩大农村劳动力在当地转移就业。

4. 因地制宜，分类指导

输出地和输入地都要有针对性地解决农民工面临的各种问题。鼓励各地区从实际出发，探索保护农民工权益、促进农村富余劳动力有序流动的办法。

5. 立足当前，着眼长远

既要抓紧解决农民工面临的突出问题，又要依靠改革和发展，逐步解决深层次问题，形成从根本上保障农民工权益的体制和制度。

三、农村社会保障政策

社会保障是指国家通过立法，积极动员社会各方面资源，保证无收入、低收入以及遭受各种意外灾害的公民能够维持生存，保障劳动者在年老、失业、患病、工伤、生育时的基本生活不受影响，同时根据经济和社会发展状况，逐步增进公共福利水平，提高国民生活质量。

中国农村社会保障体系在政策设计上应兼具消除贫困和支持转型两大功能。前者是对贫困人口和特殊人群的支持；后者是迎接工业化、城市化和老龄化的挑战，为农村社会经济发展提供制度支持。随着农村贫困在性质上的边缘化，未来的减贫策略应不宜继续通过开发式扶贫的方式摆脱贫困，而应以着眼于微观个体的政策为主，通过积极的劳动力市场政策（如就业服务、教育补贴、培训和迁移补贴）和农村最低生活保障体制的政策组合，帮助农村贫困人口摆脱贫困。

20 世纪 80—90 年代以来，农村正式的社会保障体系主要是社会救助体系，即“五保”，包括供养制度、农村扶贫、社会救助、社会福利和社会优抚等，近些年来，又出现了新型农村合作医疗、新型农村社会养老保险等新政策。

（一）农村五保供养

农村五保供养是依法在衣、食、住、医、葬等方面给予村民的生活照顾和物质帮助。这一制度最早形成于农业合作化时期。为了做好农村五保供养工作，保障农村五保供养对象的正常生活，促进农村社会保障制度的发展，国务院于 2006 年通过了《农村五保供养工作条例》。

1. 供养对象

老年、残疾或者未满 16 周岁的村民，无劳动能力、无生活来源又无法定赡养、抚养、扶养义务人，或者其法定赡养、抚养、扶养义务人无赡养、抚养、扶养能力的，享受农村五保供养待遇。

享受农村五保供养待遇，应当由村民本人向村民委员会提出申请；因年幼或者智力残疾无法表达意愿的，由村民小组或者其他村民代为提出申请。经村民委员会民主评议，对符合规定条件的，在本村范围内公告；无重大异议的，由村民委员会将评议意见和有关材料报送乡、民族乡、镇人民政府审核。乡、民族乡、镇人民政府应当自收到评议意见之日起20日内提出审核意见，并将审核意见和有关材料报送县级人民政府民政部门审批。县级人民政府民政部门应当自收到审核意见和有关材料之日起20日内作出审批决定。对批准给予农村五保供养待遇的，发给《农村五保供养证书》；对不符合条件不予批准的，应当书面说明理由。乡、民族乡、镇人民政府应当对申请人的家庭状况和经济条件进行调查核实；必要时，县级人民政府民政部门可以进行复核。申请人、有关组织或者个人应当配合、接受调查，如实提供有关情况。

农村五保供养对象不再符合规定条件的，村民委员会或者敬老院等农村五保供养服务机构应当向乡、民族乡、镇人民政府报告，由乡、民族乡、镇人民政府审核并报县级人民政府民政部门核准后，核销其《农村五保供养证书》。农村五保供养对象死亡，丧葬事宜办理完毕后，村民委员会或者农村五保供养服务机构应当向乡、民族乡、镇人民政府报告，由乡、民族乡、镇人民政府报县级人民政府民政部门核准后，核销其《农村五保供养证书》。

2. 供养内容

农村五保供养包括下列供养内容。供给粮油、副食品和生活用燃料；供给服装、被褥等生活用品和零用钱；提供符合基本居住条件的住房；提供疾病治疗，对生活不能自理的给予照料；妥善办理丧葬事宜。

农村五保供养对象未满16周岁或者已满16周岁仍在接受义务教育的，应当保障他们依法接受义务教育所需费用。农村五保供养对象的疾病治疗，应当与当地农村合作医疗和农村医疗救助制度相衔接。

农村五保供养标准不得低于当地村民的平均生活水平，并根据当地村民平均生活水平的提高适时调整。农村五保供养标准，可以由省、自治区、直辖市人民政府制定，在本行政区域内公布执行，也可以由设区的市级或者县级人民政府制定，报所在的省、自治区、直辖市人民政府备案后公布执行。国务院民政部门、国务院财政部门应当加强对农村五保供养标准制订工作的指导。

农村五保供养资金，在地方人民政府财政预算中安排。有农村集体经营等收入的地方，可以从农村集体经营等收入中安排资金，用于补助和改善农村五保供养对象的生活。农村五保供养对象将承包土地交由他人代耕的，其收益归该农村五保供养对象所有。中央财政对财政困难地区的农村五保供养，在资金上给予适当补助。农村五保供养资金，应当专门用于农村五保供养对象的生活，任何组织或者个人不得贪污、挪用、截留或者私分。

3. 供养形式

农村五保供养对象可以在当地的农村五保供养服务机构集中供养，也可以在家分散供养。农村五保供养对象可以自行选择供养形式。集中供养的农村五保供养对象，由农村五保供养服务机构提供供养服务；分散供养的农村五保供养对象，可以由村民委员会提供照料，也可以由农村五保供养服务机构提供有关供养服务。

各级人民政府应当把农村五保供养服务机构建设纳入经济社会发展规划。县级人民政府和乡、民族乡、镇人民政府应当为农村五保供养服务机构提供必要的设备、管理资金，并配备必要的工作人员。

农村五保供养服务机构应当建立健全内部民主管理和服务管理制度。农村五保供养服务机构工作人员应当经过必要的培训。农村五保供养服务机构可以开展以改善农村五保供养对象生活条件为目的的农副业生产。地方各级人民政府及其有关部门应当对农村五保供养服务机构开展农副业生产给予必要的扶持。

乡、民族乡、镇人民政府应当与村民委员会或者农村五保供养服务机构签订供养服务协议，保证农村五保供养对象享受符合要求的供养。村民委员会可以委托村民对分散供养的农村五保供养对象提供照料。

(二) 农村社会救助

农村社会救助是指国家和集体对农村中无法定扶养义务人、无劳动能力、无生活来源的老年人、残疾人、未成年人和因病、灾、缺少劳动能力等造成生活困难的贫困对象，采取物质帮助、扶持生产等多种形式，保障他们的基本生活。社会救助制度坚持托底线、救急难、可持续，与其他社会保障制度相衔接，社会救助水平与经济社会发展水平相适应。

农村社会救助工作坚持依靠集体、依靠群众，开展社会互助互济和扶持生产自救、辅之以国家必要的救济，形成了国家、集体、个人相结合的格局，走出了一条具有中国特色的农村社会救助路子。

1. 国家救助与集体补助相结合

我国农村的贫困人口较多，全国有80%以上的贫困对象分布在农村，农村社会救助的任务十分艰巨。由于国家的财力有限，单纯依靠国家救济难以全部保障农村贫困对象的生活。因此，随着集体经济的产生和发展，采取国家救助与集体补助相结合，改变了单纯依靠国家救助的状况，形成了农村救助依靠国家和集体“两条腿走路”的新局面，进一步提高了农村的社会保障能力。农村社会救助坚持贯彻依靠集体，辅之以国家救助的原则，立足于集体，以集体补助为主，国家救助给予必要的补充，二者紧密结合，成为农村社会救助的主体力量。

2. 国家救助与社会互助互济相结合

社会互助互济是中华民族的传统美德，也是农村社会救助的重要方式。各级人民政府动员和组织城市支持农村，非贫困地区支援贫困地区，广泛开展村邻互帮、邻里互助，形成社会、集体、个人相结合，多层次、多种形式互助的新局面。

通过开展社会互助互济，不仅及时有效地解决了贫困对象的生活困难，也减轻了国家和集体的压力，而且还扩大了社会的参与和影响，取得了社会广泛的关心和支持，确立了互助友爱、扶弱济困的良好社会风尚，促进了社会主义精神文明建设。

3. 救助与扶持生产相结合

扶持贫困对象生产自救是救助工作的开展和延伸，它使救助的主体与对象密切合作，进一步提高了救助效率。从实际出发，积极探索创新，采取无偿扶持与有偿扶持相结合，对有偿还能力的贫困对象实行扶持生产资金有偿使用，收回的资金作为扶贫周转金滚动使用，使扶持贫困对象生产自救进入了新的发展阶段。

为了加强社会救助，保障公民的基本生活，促进社会公平，维护社会和谐稳定，国务院于 2014 年 5 月 1 日根据宪法公布和施行了《社会救助暂行办法》（以下简称《办法》）。这是我国第一部统筹各项社会救助制度的行政法规。《办法》将社会救助上升为根本性、稳定性的法律制度，为保障群众基本生活、解决急难问题构建起完整严密的安全网。《办法》从最低生活保障、特困人员供养、受灾人员救助、医疗救助、教育救助、住房救助、就业救助、临时救助、社会力量参与等方面规范了各项社会救助的内容。

（三）农村社会优抚

农村社会优抚是指国家和社会对农村军人及其家属所提供的各种优待、抚恤、养老、就业安置等待遇和服务的保障制度。

农村抚恤对象包括农村中服现役或者退出现役的残疾军人以及烈士遗属、因公牺牲军人遗属、病故军人遗属等；农村优待对象包括农村中现役军人军属和在乡老红军、老复员退伍军人等；农村安置对象包括农村中退伍义务兵、退伍志愿兵、复员干部、转业干部、离退休干部等。

农村社会优抚和安置主要包括 3 个方面的内容。第一，抚恤制度。这一制度是指国家对农村中因公伤残军人、因公牺牲以及病故军人家属所采取的伤残抚恤和死亡抚恤。农村伤残抚恤指对农村按规定确定为革命伤残人员的，给予一定的物质帮助。死亡抚恤指对农村现役军人死亡后被确认为因公牺牲或者病故烈士的遗属发放一次性抚恤金或定期抚恤金。第二，优待制度。这一制度是指国家和社会按照立法规定和社会习俗对优待对象提供资金和服务的优待性保障制度。第三，退役安置。这是指国家和社会为农村中退出现役的军人提供资金和服务，以帮助其重新就业的一项优抚保障制度。

（四）新型农村社会养老保险

新型农村社会养老保险（简称新农保）是以保障农村居民年老时的基本生活为目的，建立个人缴费、集体补助、政府补贴相结合的筹资模式，养老待遇由社会统筹与个人账户相结合，与家庭养老、土地保障、社会救助等其他社会保障政策措施相配套，由政府组织实施的一项社会养老保险制度，是国家社会保险体系的重要组成部分。新农保试点的基本原则是“保基本、广覆盖、有弹性、可持续”。

新农保基金由个人缴费、集体补助、政府补贴构成。

1. 个人缴费

参加新农保的农村居民应当按规定缴纳养老保险费。缴费标准设为五个档次，地方可以根据实际情况增设缴费档次。参保人自主选择档次缴费，多缴多得。国家依据农村居民人均纯收入增长等情况适时调整缴费档次。

2. 集体补助

有条件的村集体应当对参保人缴费给予补助，补助标准由村民委员会召开村民会议民主确定。鼓励其他经济组织、社会公益组织、个人为参保人缴费提供资助。

3. 政府补贴

政府对符合领取条件的参保人全额支付新农保基础养老金，其中中央财政对中西部地区按中央确定的基础养老金标准给予全额补助，对东部地区给予50%的补助。

地方政府应当对参保人缴费给予补贴。对选择较高档次标准缴费的，可给予适当鼓励，具体标准和办法由省（区、市）人民政府确定。对农村重度残疾人等缴费困难群体，地方政府为其代缴部分或全部最低标准的养老保险费。

新型农村社会养老保险是一项惠及民生的重大举措，使“老有所养”的目标得以进一步实现。“新农保”的意义主要有以下几点。

（1）有利于农民生活水平的提高 “新农保”按照基础养老金和

个人账户养老金相结合的原则，实施以个人缴费、集体补助和政府补贴的缴费方法，由中央或地方政府对基础养老金给予全额补贴，在农民 60 岁的时候可以每月领取至少 55 元的基础养老金，并按照渐进原则，逐步提高其待遇水平。尽管现阶段的保障水平较低，但相比之前的“老农保”已有很大进步，成功向社会养老迈进，在一定程度上减轻了子女的经济负担，使农民养老无后顾之忧，增加其消费能力，提高了农民的生活质量，为其老年生活提供了保障。

（2）有利于破解城乡二元的经济和社会结构　长期以来，我国实施以农业促工业，以农村支持城市的发展策略，加之城市居民有包括养老、医疗等较为全面的社会保障体系，而农村居民在这些方面的保障却极低甚至处于空缺状态的现实更加剧了城乡发展的二元化。通过对农村居民推行普惠制的养老保险和之前的“新农合”双管齐下，有助于减轻农民的生活负担，缩小城乡之间的社会保障水平，从而有益于加快农村劳动力的正常流动，扩大农民的就业渠道，增加非农收入，减少城乡居民的收入“剪刀差”，加快我国的城镇化进程，进而实现城乡统一发展的社会经济目标。

（3）有利于扩大内需和促进国民经济发展　2001 年以来我国 GDP 平均以 8%的速度增长，而人均收入增长却远低于经济增长，收入低的现实难以产生与产品生产相适应的国内需求。因此，我国经济的发展不得不依赖于外部需求，为扩大竞争优势，往往通过降低工人工资、延长工作时间等手段，从而形成一种经济发展的恶性循环。面对 2008 年的金融危机，世界经济低迷、外部需求迅速下降的情况，扩大内需成为解决我国产品供应过剩问题的首要途径。我国很大一部分人口生活在农村，他们的消费需求潜力是巨大的，由于他们的社会保障水平低，对未来的不确定预期（养老、医疗、教育等）较大，极大地削弱了他们的消费能力。通过新农保这一民生政策的实施，实际上就是提高了农民的收入水平，无疑会有助于降低他们对未来养老的担忧，拉动消费，进而促进我国经济的持续发展，实现真正意义上的富民强国。

第四节　新农村建设与城镇化建设

一、新农村建设

（一）概述

社会主义新农村建设是指在社会主义制度下，按照新时代的要求，对农村进行经济、政治、文化和社会等方面的建设，最终实现把农村建设成为经济繁荣、设施完善、环境优美、文明和谐的社会主义新农村的目标。

新农村建设是在我国总体上进入以工促农、以城带乡的发展新阶段后面临的崭新课题，是时代发展和构建和谐社会的必然要求。当前我国全面建成小康社会的重点难点在农村，农业丰则基础强，农民富则国家盛，农村稳则社会安；没有农村的小康，就没有全社会的小康；没有农业的现代化，就没有国家的现代化。世界上许多国家在工业化有了一定发展基础之后都采取了工业支持农业、城市支持农村的发展战略。我国已经进入工业反哺农业的阶段，新农村建设重大战略性举措的实施正当其时。

（二）新农村建设政策的意义

1. 建设社会主义新农村，是贯彻落实科学发展观的重大举措

科学发展观的一个重要内容，就是经济社会的全面协调可持续发展，城乡协调发展是其重要的组成部分。全面落实科学发展观，必须保证占人口大多数的农民参与发展进程、共享发展成果。如果我们忽视农民群众的愿望和切身利益，农村经济社会发展长期滞后，我们的发展就不可能是全面协调可持续的，科学发展观就无法落实。

2. 建设社会主义新农村，是确保现代化建设顺利推进的必然要求

国际经验表明，工农城乡之间的协调发展，是现代化建设成功的重要前提。有些国家较好地处理了工农城乡关系，经济社会得到了迅速发展，较快地迈进了现代化国家行列。也有一些国家没有处理好工农城乡关系，导致农村长期落后，致使整个国家经济停滞甚至倒退，

现代化进程严重受阻。我们要深刻汲取国外的经验教训，把农村发展纳入整个现代化进程，使社会主义新农村建设与工业化、城镇化同步推进，让亿万农民共享现代化成果，走具有中国特色的工业与农业协调发展、城市与农村共同繁荣的现代化道路。

3. 建设社会主义新农村，是全面建成小康社会的重点任务

我们正在建设的小康社会，是惠及十几亿人口的更高水平的小康社会，其重点在农村，难点也在农村。改革开放以来，我国城市面貌发生了巨大变化，但还有不少地区农村面貌变化相对较小，一些地方的农村还不通公路、群众看不起病、喝不上干净水、农民子女上不起学。这种状况如果不能有效扭转，全面建成小康社会就很难实现。因此，我们要通过建设社会主义新农村，加快农村小康社会的进程。

4. 建设社会主义新农村，是保持国民经济平稳较快发展的持久动力

扩大国内需求，是我国发展经济的长期战略方针和基本立足点。农村集中了我国数量最多、潜力最大的消费群体，是我国经济增长最可靠、最持久的动力源泉。通过推进社会主义新农村建设，可以加快农村经济发展，增加农民收入，使亿万农民的潜在购买意愿转化为巨大的现实消费需求，拉动整个经济的持续增长。特别是通过加强农村道路、住房、能源、水利、通信等建设，既可以改善农民的生产生活条件和消费环境，又可以消化当前部分行业的过剩生产能力，促进相关产业的发展。

5. 建设社会主义新农村，是构建社会主义和谐社会的重要基础

社会和谐离不开广阔农村的和谐。当前，我国农村社会关系总体是健康、稳定的，但也存在一些不容忽视的矛盾和问题。通过推进社会主义新农村建设，加快农村经济社会发展，有利于更好地维护农民群众的合法权益，缓解农村的社会矛盾，减少农村不稳定因素，为构建社会主义和谐社会打下坚实基础。

二、城镇化建设

（一）概述

城镇化是指工业化过程中社会生产力的发展引起的地域空间上城镇数量的增加和城镇规模的扩大，农村人口向城镇的转移流动和集聚，城镇经济在国民经济中占据主导地位，以及城市的经济关系和生活方式广泛地渗透到农村的一个持续发展的过程。城镇化的过程是各国在实现工业化、现代化过程中所经历社会变迁的一种反映，也是一个国家经济发达程度，特别是工业化水平高低的一个重要标志。

经济学家斯蒂格利茨曾预言，中国的城镇化与美国的高科技发展将是深刻影响21世纪人类发展的两大课题。城镇化不仅是城市数量和城市人口等规模的扩张过程，更是生产方式、生活方式和居民精神文化发生变迁的自然历史过程。农村人口转变为城市人口，农业人口转变为非农业人口，城市人口绝对量和比重提高等只是城镇化的表现形式，不是城镇化的本质内容。城镇化的本质是产业聚集和人口聚集，通过聚集产生较高的经济、社会、文化要素的配置效率，从而不断推动经济规模的扩张，带动经济结构的优化，创新发展方式，传播城市文明，使城镇成为经济发展和社会进步的综合体现。

中国现代化最重要、最艰巨的任务是解决“三农”问题，实现农业的现代化和多数农民的城镇化；最大的风险是工业化、城镇化快速发展，而农业和农村发展严重滞后，城乡发展严重失衡。大规模的、快速的工业化和城镇化，给农业发展带来了前所未有的机遇和挑战。虽然从表面上看，中国城镇化建设已经达到世界平均水平，但背后潜藏的诸多矛盾、问题也日益凸显。中国已经步入城镇化的加速阶段和工业化后期，国家迈进了经济增长结构转换的关键时期，经济增长的驱动力将由投资变为创新和效率，以往的投资加出口的粗放型道路受阻，城镇化面临着城乡二元结构突出、城市发展模式粗放、资源利用效率不高、城市建设缺乏特色、城市管理不善等一系列问题。

党的二十大提出，全面推进乡村振兴。坚持农业农村优先发展，坚持城乡融合发展，畅通城乡要素流动。扎实推动乡村产业、人才、文化、生态、组织振兴。党的二十届二中全会也明确提出，要促进城镇化和新农村建设协调推进。因此，城乡规划要统筹考虑，要健全城乡一体化体制机制，让广大农民平等参与现代化进程、共同分享现代化成果。城镇化要带动新农村建设，而不能取代新农村建设，搞所谓“去农村化”。城乡一体化不是城乡同样化，新农村应该是升级版的农村，而不应该是缩小版的城市。城镇和农村要和谐一体，各具特色，相互辉映，不能有巨大反差，也不能没有区别，否则就会城镇不像城镇，农村不像农村。一些地方在推进城镇化过程中的某些“去农村化”的做法，是不符合中国国情的，也是不符合城乡统筹发展原则和大国现代化规律的。

（二）城镇化建设的发展目标

1. 城镇化水平和质量稳步提升

城镇化健康有序发展，从城乡构成看，城镇常住人口 93267 万人，比上年末增加 1196 万人；乡村常住人口 47700 万人，减少 1404 万人；城镇人口占全国人口的比重（城镇化率）为 66. 16%，比上年末提高 0. 94 个百分点。

2. 城镇化格局更加优化

“两横三纵”为主体的城镇化战略格局基本形成，城市群集聚经济、人口能力明显增强，东部地区城市群一体化水平和国际竞争力明显提高，中西部地区城市群成为推动区域协调发展的新的重要增长极。城市规模结构更加完善，中心城市辐射带动作用更加突出，中小城市数量增加，小城镇服务功能增强。

3. 城市发展模式科学合理

密度较高、功能混用和公交导向的集约紧凑型开发模式成为主导，人均城市建设用地严格控制在 100 米^2 以内，建成区人口密度逐步提高。绿色生产、绿色消费成为城市经济生活的主流，节能节水产品、再生利用产品和绿色建筑比例大幅提高。城市地下管网覆盖率明显提高。

4. 城市生活和谐宜人

稳步推进义务教育、就业服务、基本养老、基本医疗卫生、保障性住房等城镇基本公共服务覆盖全部常住人口，基础设施和公共服务设施更加完善，消费环境更加便利，生态环境明显改善，空气质量逐步好转，饮用水安全得到保障。自然景观和文化特色得到有效保护，城市发展个性化，城市管理人性化、智能化。

5. 城镇化体制机制不断完善

户籍管理、土地管理、社会保障、财税金融、行政管理、生态环境等制度改革取得重大进展，阻碍城镇化健康发展的体制机制障碍基本消除。

（三）城镇化建设的战略任务

城镇化的战略任务主要有 4 个方面。

1. 有序推进农业转移人口市民化，逐步解决长期进城的农民落户问题

《国家新型城镇化规划（2014—2020 年）》（以下简称《规划》）阐明推进农业转移人口市民化，要按照尊重意愿、自主选择、因地制宜、分步推进、存量优先、带动增量的原则，以农业转移人口为重点，兼顾高校和职业技术院校毕业生、城镇间异地就业人员和城区城郊农业人口，促进有能力在城镇稳定就业和生活的常住人口有序实现市民化。《规划》提出，到 2020 年要让 1 亿左右有能力、有意愿的农民工及其家属在城镇落户。解决 1 亿人落户，只占届时农民工总量的 1/3 左右，主要是已经在城镇长期务工经商和举家迁徙人员；落户的重点主要在县城、地级市和部分省会城市；特大城市的人口还要严格控制。

2. 优化城镇化布局和形态，以城市群为主体形态，促进大中小城市协调发展

《规划》阐明，优化提升东部地区城市群，培育发展中西部地区城市群，构建“两横三纵”城镇化发展战略格局。在发挥中心城市辐射带动作用基础上，强化中小城市和小城镇的产业功能、服务功能和居住功能，把有条件的县城、重点镇和重要边境口岸逐步发展成为中小城市。《规划》对中西部地区的新型城镇化有重点要求，总的方向是通过大中小城市和小城镇协调发展，努力再接纳 1 亿左右的人口。

国家已确定在中西部地区建设一批重点开发区，要有序推进这些区域的城镇化建设，注重在民族地区、沿边地区培育一些区域性中心城市。

3. 提高城市可持续发展能力，增强公共服务和资源环境对人口的承载能力

《规划》阐明，加快转变城市发展方式，有效预防和治理“城市病”。加快产业转型升级，强化城市产业支撑，营造良好创业环境，增强城市经济活力和竞争力。优化城市空间结构和管理格局，完善基础设施和公共服务设施，增强对人口集聚和服务的支持能力。提高城市规划科学性，健全规划管理体制机制，提高城市规划管理水平和建筑质量。推进创新城市、绿色城市、智慧城市和人文城市建设，全面提升城市内在品质。完善城市治理结构，创新城市管理方式，提升城市社会治理水平。

4. 推动城乡发展一体化，让广大农民平等分享现代化成果

《规划》阐明，坚持工业反哺农业、城市支持农村和多予少取放活方针，着力在城乡规划、基础设施、公共服务等方面推进一体化。完善城乡发展一体化体制机制，加快消除城乡二元结构的体制机制障碍。《规划》对牢牢守住18亿亩耕地红线，确保国家粮食安全作出安排。《规划》要求，要改变土地城镇化快于人口城镇化，耕地占补平衡存在的问题，以确保国家粮食安全。

第十章　农村自然资源保护的法规与政策

第一节　保护土地资源的法律

一、依法保护耕地资源

保护耕地资源，是指合理利用土地保持足够的耕地的同时要保护提高耕地的质量，改良土壤，培育地力，提高其生产能力。

2014 年修订的《中华人民共和国环境保护法》（以下简称《环境保护法》）第三十三条规定：“各级人民政府应当加强对农业环境的保护，促进农业环境保护新技术的使用，加强对农业污染源的监测预警，统筹有关部门采取措施，防治土壤污染和土地退化、盐渍化、贫瘠化、石漠化、地面沉降以及防治植被破坏、水土流失、水体富营养化、水源枯竭、种源灭绝等生态失调现象，推广植物病虫害的综合防治。”

《土地管理法》第三十六条规定：“各级人民政府应当采取措施，引导因地制宜轮作休耕，改良土壤，提高地力，维护排灌工程设施，防止土地荒漠化、盐渍化、水土流失和土壤污染。”

二、非农业建设占用耕地补偿制度

《土地管理法》第三十条规定：“国家保护耕地，严格控制耕地转为非耕地。国家实行占用耕地补偿制度。非农业建设经批准占用耕地的，按照‘占多少，垦多少’的原则，由占用耕地的单位负责开垦与所占用耕地的数量和质量相当的耕地；没有条件开垦或者开垦的耕地不符合要求的，应当按照省、自治区、直辖市的规定缴纳耕地开垦费，专款用于开垦新的耕地。”

三、基本农田保护制度

国家实行永久基本农田保护制度。下列耕地应当根据土地利用总体规划为永久基本农田，实行严格保护。

① 经国务院农业农村主管部门或者县级以上地方人民政府批准确定的粮、棉、油、糖等重要农产品生产基地内的耕地。

② 有良好的水利与水土保持设施的耕地，正在实施改造计划以及可以改造的中、低产田和已建成的高标准农田。

③ 蔬菜生产基地。

④ 农业科研、教学试验田。

国务院规定应当划为永久基本农田的其他耕地，各省、自治区、直辖市划定的永久基本农田一般应当占本行政区域内耕地的80%以上，具体比例由国务院根据各省自治区、直辖市耕地实际情况规定。

四、土地复垦和恢复植被

土地复垦是指对生产建设活动和自然灾害损毁的土地，采取整治措施，使其达到可供利用状态的活动。

《土地管理法》第四十二条规定："国家鼓励土地整理。县乡(镇)人民政府应当组织农村集体经济组织，按照土地利用总体规划，对田、水、路、林、村综合整治，提高耕地质量，增加有效耕地面积，改善农业生产条件和生态环境。地方各级人民政府应当采取措施，改造中、低产田，整治闲散地和废弃地。"

《土地管理法》第四十三条规定："因挖损、塌陷、压占等造成土地破坏，用地单位和个人应当按照国家有关规定负责复垦；没有条件复垦或者复垦不符合要求的，应当缴纳土地复垦费，专项用于土地复垦。复垦的土地应当优先用于农业。"

第二节 保护水资源的法律

水是人类及一切生物赖以生存的必不可少的重要物质，是工农业生产、经济发展和环境改善不可替代的极为宝贵的自然资源。《中华人民共和国水法》（以下简称《水法》）所称的水资源，主要是指地表水和地下水，不包括海水。

我国是一个干旱缺水严重的国家，是全球13个人均水资源最贫乏的国家之一。当前我国水资源面临的形势十分严峻，水资源短缺、水污染严重、水生态环境恶化等问题日益突出，已成为制约经济社会可持续发展的主要瓶颈。因此，加强水资源的保护已成为刻不容缓的当务之急。

《中华人民共和国水资源保护法》（以下简称《水资源保护法》）是调整人们在开发、利用、保护和管理水资源过程中所发生的各种社会关系的法律规范的总称。在我国，有关水资源保护的法律和法规主要有：《宪法》《水法》《中华人民共和国水污染防治法》《环境保护法》《中华人民共和国水土保持法》（以下简称《水土保持法》）《取水许可制度实施办法》《水土保持法实施条例》《城市地下水开发利用保护管理规定》《城市供水条例》《城市节约用水管理规定》《淮河流域水污染防治法》等。

一、《水法》的相关规定

（一）水资源权属制度

《宪法》第九条规定："水流属于国家所有。水资源的所有权由国务院代表国家行使。"《水法》第三条规定："水资源属于国家所有。水资源的所有权由国务院代表国家行使。"因此，我国水资源所有权的唯一主体是国家，水资源所有权不能由国家以外的其他主体享有。《水法》第三条也规定："农村集体经济组织的水塘和由农村集体经济组织修建管理的水库中的水，归各农村集体经济组织使用。"农村集体经济组织的水塘和由农村集体经济组织修建管理的水库中的水，是指农民集体投资兴办的水库、水塘所拦蓄或引取的水。这部分水，或是经过拦蓄，尚未进入江河、湖泊的水，或是通过取得取水权从江河、湖泊引取的水。这些水，是已经开发并从自然状态下分离出来的水，与自然状态下的水资源有所区别。

（二）水资源保护的原则和方针

① 开发、利用、节约、保护水资源和防治水害，应当全面规划、

统筹兼顾、标本兼治、综合利用、讲求效益，发挥水资源的多种功能，协调好生活、生产经营和生态环境用水。

② 国家鼓励单位和个人依法开发、利用水资源，并保护其合法权益。开发、利用水资源的单位和个人有依法保护水资源的义务。国家鼓励和支持开发、利用、节约、保护、管理水资源和防治水害的先进科学技术的研究、推广和应用。在开发、利用、节约、保护、管理水资源和防治水害等方面成绩显著的单位和个人，由人民政府给予奖励。

③ 国家对水资源依法实行取水许可制度和有偿使用制度。但是，农村集体经济组织及其成员使用本集体经济组织的水塘、水库中的水除外。国务院水行政主管部门负责全国取水许可制度和水资源有偿使用制度的组织实施。

④ 国家厉行节约用水，大力推行节约用水措施，推广节约用水新技术、新工艺，发展节水型工业、农业和服务业，建立节水型社会。单位和个人有节约用水的义务。

⑤ 国家保护水资源，采取有效措施，保护植被，植树种草，涵养水源，防治水土流失和水体污染，改善生态环境。

⑥ 国家对水资源实行流域管理与行政区域管理相结合的管理体制。国务院水行政主管部门负责全国水资源的统一管理和监督工作。国务院水行政主管部门在国家确定的重要江河、湖泊设立的流域管理机构（以下简称流域管理机构），在所管辖的范围内行使法律、行政法规规定的和国务院水行政主管部门授予的水资源管理和监督职责。县级以上地方人民政府水行政主管部门按照规定的权限，负责本行政区域内水资源的统一管理和监督工作。国务院有关部门按照职责分工，负责水资源开发、利用、节约和保护的有关工作。县级以上地方人民政府有关部门按照职责分工，负责本行政区域内水资源开发、利用、节约和保护的有关工作。

（三）水资源规划制度《水法》理顺了水资源管理体制，实现了水资源的统一管理，注重水资源合理配置

根据《水法》规定，国家制定全国水资源战略规划。开发、利用、节约、保护水资源和防治水害，应当按照流域、区域统一制定规

划。规划分为流域规划和区域规划。流域规划包括流域综合规划和流域专业规划；区域规划包括区域综合规划和区域专业规划。其中，综合规划，是指根据经济社会发展需要和水资源开发利用现状编制的开发、利用、节约、保护水资源和防治水害的总体部署。专业规划，是指防洪、治涝、灌溉、航运、供水、水力发电、竹木流放、渔业、水资源保护、水土保持、防沙治沙、节约用水等规划。

流域范围内的区域规划应当服从流域规划，专业规划应当服从综合规划。流域综合规划和区域综合规划以及与土地利用关系密切的专业规划，应当与国民经济和社会发展规划以及土地利用总体规划、城市总体规划和环境保护规划相协调，兼顾各地区、各行业的需要。

制定规划，必须进行水资源综合科学考察和调查评价。水资源综合科学考察和调查评价，由县级以上人民政府水行政主管部门会同同级有关部门组织进行。县级以上人民政府应当加强水文、水资源信息系统建设。县级以上人民政府水行政主管部门和流域管理机构应当加强对水资源的动态监测。基本水文资料应当按照国家有关规定予以公开。

国家确定的重要江河、湖泊的流域综合规划，由国务院水行政主管部门会同国务院有关部门和有关省、自治区、直辖市人民政府编制，报国务院批准。跨省、自治区、直辖市的其他江河、湖泊的流域综合规划和区域综合规划，由有关流域管理机构会同江河、湖泊所在地的省、自治区、直辖市人民政府水行政主管部门和有关部门编制，分别经有关省、自治区、直辖市人民政府审查提出意见后，报国务院水行政主管部门审核；国务院水行政主管部门征求国务院有关部门意见后，报国务院或者其授权的部门批准。其他江河、湖泊的流域综合规划和区域综合规划，由县级以上地方人民政府水行政主管部门会同同级有关部门和有关地方人民政府编制，报本级人民政府或者其授权的部门批准，并报上一级水行政主管部门备案。专业规划由县级以上人民政府有关部门编制，征求同级其他有关部门意见后，报本级人民政府批准。其中，防洪规划、水土保持规划的编制、批准，依照《中华人民共和国防洪法》（以下简称《防洪法》）、《水土保持法》的有关规定执行。

建设水工程，必须符合流域综合规划。在国家确定的重要江河、湖泊和跨省、自治区、直辖市的江河、湖泊上建设水工程，其工程可行性研究报告报请批准前，有关流域管理机构应当对水工程的建设是否符合流域综合规划进行审查并签署意见；在其他江河、湖泊上建设水工程，其工程可行性研究报告报请批准前，县级以上地方人民政府水行政主管部门应当按照管理权限对水工程的建设是否符合流域综合规划进行审查并签署意见。水工程建设涉及防洪的，依照《防洪法》的有关规定执行；涉及其他地区和行业的，建设单位应当事先征求有关地区和部门的意见。

二、《水土保持法》的相关规定

我国是一个多山国家，山地面积占国土面积的2/3，又是世界上黄土分布最广的国家。黄土或松散的风化壳在缺乏植被保护的情况下极易发生侵蚀。大部分地区属于季风气候，降水量集中，雨季降水量常达年降水量的60%~80%，且多暴雨。易于发生水土流失的地质地貌条件和气候条件是造成中国发生水土流失的主要原因。此外，造成水土流失的人为原因也不容忽视，如滥伐森林、滥垦草地、陡坡地开荒等。水土流失已经成为国家面临的首要生态环境问题，水土保持也成为国家在生态环境保护方面的首要任务。

所谓水土保持，是指对自然因素和人为活动造成水土流失所采取的预防和治理措施。为了预防和治理水土流失，保护和合理利用水土资源，减轻水、旱、风沙灾害，改善生态环境，保障经济社会可持续发展，国家制定了《水土保持法》。该法的主要规定如下。

（一）水土保持工作的方针

《水土保持法》第三条规定："水土保持工作实行预防为主、保护优先、全面规划、综合治理、因地制宜、突出重点、科学管理、注重效益的方针。"

"预防为主，保护优先"体现的是预防、保护在水土保持工作中的重要地位和作用，即在水土保持工作中，首要的是预防产生新的水土流失，要保护好原有植被和地貌，把人为活动产生的新的水土流失控制在最低程度，不能走先破坏后治理的老路。

“全面规划，综合治理”体现的是水土保持工作的全局性、长期性、重要性和水土流失治理措施的综合性。对水土流失防治工作必须进行全面规划，统筹预防和治理、统筹治理的需要与投入的可能、统筹各区域的治理需求、统筹治理的各项措施。对已发生水土流失的治理，必须坚持以小流域为单元，工程措施、生物措施和农业技术措施优化配置，山水田林路村综合治理，形成综合防护体系。

“因地制宜，突出重点”体现的是水土保持措施要因地制宜，防治工程要突出重点。水土流失治理，要根据各地的自然和社会经济条件，分类指导，科学确定当地水土流失防治工作的目标和关键措施。当前，我国水土流失防治任务十分艰巨，国家财力还较为有限，因此，水土流失治理一定要突出重点，由点带面，整体推进。

“科学管理，注重效益”体现的是对水土保持管理手段和水土保持工作效果的要求。随着现代化、信息化的发展，水土保持管理也要与时俱进，引入现代管理科学的理念和先进技术手段，促进水土保持由传统向现代的转变，提高管理效率。注重效益是水土保持工作的生命力。水土保持效益主要包括生态、经济和社会三大效益。在防治水土流失工作中要统筹兼顾三大效益，妥善处理国家生态建设、区域社会发展与当地群众增加经济收入需求三者的关系，把治理水土流失与改善民生、促进群众脱贫致富紧密结合起来，充分调动群众参与治理的积极性。

(二) 水土保持的规划、预防和治理

1. 水土保持的规划

水土保持规划应当在水土流失调查结果及水土流失重点预防区和重点治理区划定的基础上，遵循统筹协调、分类指导的原则编制。

水土保持规划的内容应当包括水土流失状况、水土流失类型区划分、水土流失防治目标、任务和措施等。水土保持规划包括对流域或者区域预防和治理水土流失、保护和合理利用水土资源作出的整体部署，以及根据整体部署对水土保持专项工作或者特定区域预防和治理水土流失作出的专项部署。水土保持规划应当与土地利用总体规划、

水资源规划、城乡规划和环境保护规划等相协调。编制水土保持规划，应当征求专家和公众的意见。

县级以上人民政府水行政主管部门会同同级人民政府有关部门编制水土保持规划，报本级人民政府或者其授权的部门批准后，由水行政主管部门组织实施。水土保持规划一经批准，应当严格执行；经批准的规划根据实际情况需要修改的，应当按照规划编制程序报原批准机关批准。

有关基础设施建设、矿产资源开发、城镇建设、公共服务设施建设等方面的规划，在实施过程中可能造成水土流失的，规划的组织编制机关应当在规划中提出水土流失预防和治理的对策和措施，并在规划报请审批前征求本级人民政府水行政主管部门的意见。

2. 水土保持的预防

地方各级人民政府应当按照水土保持规划，采取封育保护、自然修复等措施，组织单位和个人植树种草，扩大林草覆盖面积，涵养水源，预防和减轻水土流失。地方各级人民政府应当加强对取土、挖砂、采石等活动的管理，预防和减轻水土流失。

水土流失严重、生态脆弱的地区，应当限制或者禁止可能造成水土流失的生产建设活动，严格保护植物、沙壳、结皮、地衣等。禁止在25°以上的陡坡地开垦种植农作物。在25°以上的陡坡地种植经济林的，应当科学选择树种，合理确定规模，采取水土保持措施，防止造成水土流失。禁止毁林、毁草开垦和采集发菜。禁止在水土流失重点预防区和重点治理区铲草皮、挖树兜或者滥挖虫草、甘草、麻黄等。林木采伐应当采用合理方式，严格控制皆伐；对水源涵养林、水土保持林、防风固沙林等防护林只能进行抚育和更新性质的采伐；对采伐区和集材道应当采取防止水土流失的措施，并在采伐后及时更新造林。在5°以上的坡地植树造林、抚育幼林、种植中药材等，应当采取水土保持措施。

在山区、丘陵区、风沙区以及水土保持规划确定的容易发生水土流失的其他区域开办可能造成水土流失的生产建设项目，生产建设单位应当编制水土保持方案，报县级以上人民政府水行政主管部门审批，并按照经批准的水土保持方案，采取水土流失预防和治理措施。没有能力编制水土保持方案的，应当委托具备相应技术条件的机构编制。

（三）水土保持的治理

国家加强水土流失重点预防区和重点治理区的坡耕地改梯田、淤地坝等水土保持重点工程建设，加大生态修复力度。县级以上人民政府水行政主管部门应当加强对水土保持重点工程的建设管理，建立和完善运行管护制度。国家加强江河源头区、饮用水水源保护区和水源涵养区水土流失的预防和治理工作，多渠道筹集资金，将水土保持生态效益补偿纳入国家建立的生态效益补偿制度。

开办生产建设项目或者从事其他生产建设活动造成水土流失的，应当进行治理。在山区、丘陵区、风沙区以及水土保持规划确定的容易发生水土流失的其他区域开办生产建设项目或者从事其他生产建设活动，损坏水土保持设施、地貌植被，不能恢复原有水土保持功能的，应当缴纳水土保持补偿费，专项用于水土流失预防和治理。

国家鼓励单位和个人按照水土保持规划参与水土流失治理，并在资金、技术、税收等方面予以扶持。国家鼓励和支持承包治理荒山、荒沟、荒丘、荒滩，防治水土流失，保护和改善生态环境，促进土地资源的合理开发和可持续利用，并依法保护土地承包合同当事人的合法权益。承包治理荒山、荒沟、荒丘、荒滩和承包水土流失严重地区农村土地的，在依法签订的土地承包合同中应当包括预防和治理水土流失责任的内容。

国家鼓励和支持在山区、丘陵区、风沙区以及容易发生水土流失的其他区域，采取下列有利于水土保持的措施。

① 免耕、等高耕作、轮耕轮作、草田轮作、间作套种等。

② 封禁抚育、轮封轮牧、舍饲圈养。

③ 发展沼气、节柴灶，利用太阳能、风能和水能，以煤、电、气代替薪柴等。

④ 从生态脆弱地区向外移民。

⑤ 其他有利于水土保持的措施。

第三节　保护森林资源的法律

一、森林资源的定义

森林资源，包括森林、林木、林地以及依托森林、林木、林地生存的野生动物、植物和微生物。森林，包括乔木林和竹林林木，包括树木和竹子。林地，包括郁闭度 0.2 以上的乔木林地以及竹林地、灌木林地、疏林地、采伐迹地、火烧迹地、未成林造林地、苗圃地和县级以上人民政府规划的宜林地。森林不仅生产木材和其他林产品，而且能调节气候、保持水土、防风固沙和防止大气污染，它是人类可持续利用、可更新的资源。

新修订的《森林法》2020 年 7 月 1 日起开始施行。在中华人民共和国领域内从事森林、林木的保护、培育、利用和森林林木、林地的经营管理活动，适用《森林法》。

二、森林保护

① 保护、培育、利用森林资源应当尊重自然、顺应自然，坚持生态优先、保护优先、保育结合、可持续发展的原则。

② 国家实行天然林全面保护制度，严格限制天然林采伐加强天然林管护能力建设，保护和修复天然林资源，逐步提高天然林生态功能。

③ 禁止毁林开垦、采石、采砂、采土以及其他毁坏林木和林地的行为。禁止向林地排放重金属或者其他有毒有害物质含量超标的污水、污泥，以及可能造成林地污染的清淤底泥、尾矿、矿渣等。禁止在幼林地砍柴、毁苗、放牧。禁止擅自移动或者损坏森林保护标志。

④ 国家保护古树名木和珍贵树木。禁止破坏古树名木和珍贵树木及其自然生境。

三、植树造林

国家鼓励公民通过植树造林、抚育管护、认建认养等方式参与造林绿化。植树造林、保护森林，是公民应尽的义务。

（1）提高森林覆盖率　森林覆盖率是反映林业现代化内涵的重要指标，是林业经济发展的基础。森林覆盖率的不断提高是实现林业现代化的一个主要条件。

（2）营造防护林　防护林是以防护为主要目的的森林、林木和灌木丛，包括水源涵养林、水土保持林、防风固沙林、农田防护林、牧场防护林、护岸林、护路林。

（3）建立用材林、经济林基地　用材林是以生产木材为主的森林和林木，包括以生产竹材为主要目的的竹林。经济林是以生产果品，食用油料、饮料、调料，工业原料和药材为主要目的的林木。

（4）植树造林　国家统筹城乡造林绿化，开展大规模国土绿化行动。每年3月12日为植树节。

四、森林经营

（一）森林经营的原则

国家以培育稳定、健康、优质、高效的森林生态系统为目标，对公益林和商品林实行分类经营管理，突出主导功能，发挥多种功能，实现森林资源永续利用。

（二）公益林经营

在符合公益林生态区位保护要求和不影响公益林生态功能的前提下，经科学论证，可以合理利用公益林林地资源和森林景观资源，适度开展林下经济、森林旅游等。

（三）商品林经营

商品林由林业经营者依法自主经营。在不破坏生态的前提下，可以采取集约化经营措施，合理利用森林、林木、林地，提高商品林经济效益。

在保障生态安全的前提下，国家鼓励建设速生丰产、珍贵树种和大径级的用材林，增加林木储备，保障木材供给安全。

（四）采伐许可证制度

符合林木采伐技术规程的，审核发放采伐许可证的部门应当及时核发采伐许可证。但是，审核发放采伐许可证的部门不得超过年采伐限额发放采伐许可证。

第四节　草原资源的法律保护

一、草原资源保护概述

草原是指生长在温带气候半干旱、半湿润的地区，以旱生多年生草本植物为主体的植物群落，能够用作放牧和割草的场地包括天然草场、人工改良草场、放牧场、打草场和草籽繁殖地，我国的草原资源对我国社会主义经济建设的发展起着重要作用。由于种种原因，草原的损害也较严重，草场退化、草原沙化增加、乱开滥垦破坏了草原植被，还有鼠、虫等侵害。因此，为了保障草原资源的永续利用，必须重视对草原资源的保护。

二、基本草原保护制度

最新修正的《草原法》规定，国家实行基本草原保护制度。下列草原应当划为基本草原，实施严格管理。

① 重要放牧场。

② 割草地。

③ 用于畜牧业生产的人工草地、退耕还草地以及改良草地、草种基地。

④ 对调节气候、涵养水源、保持水土、防风固沙具有特殊作用的草原。

⑤ 作为国家重点保护野生动植物生存环境的草原。

⑥ 草原科研、教学试验基地。

⑦ 国务院规定应当划为基本草原的其他草原。

三、草原植被保护

县级以上人民政府应当依法加强对草原珍稀濒危野生植物和种质资源的保护、管理。

国家对草原实行以草定畜、草畜平衡制度。县级以上地方人民政府草原行政主管部门应当按照国务院草原行政主管部门制定的草原载畜量标准，结合当地实际情况，定期核定草原载畜量，各级人民政府应当采取有效措施，防止超载过牧。

禁止开垦草原。对水土流失严重、有沙化趋势、需要改善生态环境的已垦草原，应当有计划、有步骤地退耕还草；已造成沙化、盐碱化、石漠化的，应当限期治理。

对严重退化、沙化、盐碱化、石漠化的草原和生态脆弱区的草原，实行禁牧、休牧制度。

国家支持依法实行退耕还草和禁牧、休牧。具体办法由国务院或者省、自治区、直辖市人民政府制定。

对在国务院批准规划范围内实施退耕还草的农牧民，按照国家规定给予粮食、现金、草种费补助。退耕还草完成后，由县级以上人民政府草原行政主管部门核实登记，依法履行土地用途变更手续，发放草原权属证书。

禁止在荒漠、半荒漠和严重退化、沙化、盐碱化、石漠化水土流失的草原以及生态脆弱区的草原上采挖植物和从事破坏。

原植被的其他活动。在草原上从事采土、采砂、采石等作业活动，应当报县级人民政府草原行政主管部门批准；开采矿产资源的，并应当依法办理有关手续。

经批准在草原上从事采土、采砂、采石、开采矿产资源等活动的，应当在规定的时间、区域内，按照准许的采挖方式作业并采取保护草原植被的措施。

在他人使用的草原上从事采土、采砂、采石、开采矿产资源等活动的，还应当事先征得草原使用者的同意。

在草原上种植牧草或者饲料作物，应当符合草原保护、建设、利用规划；县级以上地方人民政府草原行政主管部门应当加强监督管理，防止草原沙化和水土流失。

在草原上开展经营性旅游活动，应当符合有关草原保护、建设、利用规划，并不得侵犯草原所有者、使用者和承包经营者的合法权益，不得破坏草原植被。

四、草原防火

草原防火工作贯彻预防为主、防消结合的方针。各级人民政府应当建立草原防火责任制，规定草原防火期，制定草原防火扑火预案，切实做好草原火灾的预防和扑救工作。

第五节　矿产资源的法律保护

矿产资源是指由地质作用形成的，具有利用价值的，呈固态、液态、气态的自然资源。矿产资源具有不可再生性，大多数埋藏在地下的不同深度，地质条件复杂多样，一般必须经过勘查、开采和加工，才能为人类所利用。矿产资源法是调整人们在勘探、开采、利用、保护和管理矿产资源过程中所发生的各种社会关系的法律规范的总称。为了发展矿业，加强矿产资源的勘查、开发、利用和保护工作，保障社会主义现代化建设的当前和长远的需要，国家制定了《中华人民共和国矿产资源法》（以下简称《矿产资源法》）及其实施细则。

一、矿产资源的所有权、探矿权和采矿权

（一）*矿产资源的所有权*

矿产资源的所有权是指矿产资源法律关系主体对矿产资源占有、使用、收益和处分的权利。《矿产资源法》第三条规定："矿产资源属于国家所有，由国务院行使国家对矿产资源的所有权。地表或者地下的矿产资源的国家所有权，不因其所依附的土地的所有权或者使用权的不同而改变。"国务院授权国务院地质矿产主管部门对全国矿产资源分配实施统一管理。

（二）*探矿权和采矿权*

探矿权，是指在依法取得的勘查许可证规定的范围内，勘查矿产资源的权利。取得勘查许可证的单位或者个人称为探矿权人。

采矿权，是指在依法取得的采矿许可证规定的范围内，开采矿产资源和获得所开采的矿产品的权利。取得采矿许可证的单位或者个人

称为采矿权人。

（三）探矿权和采矿权的取得

国家保障矿产资源的合理开发利用。禁止任何组织或者个人用任何手段侵占或者破坏矿产资源。各级人民政府必须加强矿产资源的保护工作。勘查、开采矿产资源，必须依法分别申请，经批准取得探矿权、采矿权，并办理登记；但是，已经依法申请取得采矿权的矿山企业在划定的矿区范围内为本企业的生产而进行的勘查除外。国家保护探矿权和采矿权不受侵犯，保障矿区和勘查作业区的生产秩序、工作秩序不受影响和破坏。从事矿产资源勘查和开采的，必须符合规定的资质条件。

国家保障依法设立的矿山企业开采矿产资源的合法权益。国有矿山企业是开采矿产资源的主体。国家保障国有矿业经济的巩固和发展。国家实行探矿权、采矿权有偿取得的制度。但是，国家对探矿权、采矿权有偿取得的费用，可以根据不同情况规定予以减缴、免缴。具体办法和实施步骤由国务院规定。开采矿产资源，必须按照国家有关规定缴纳资源税和资源补偿费。

（四）探矿权和采矿权的转让

探矿权和采矿权可以依法转让。但并不是所有的探矿权和采矿权都可以转让。只有符合一定条件的探矿权和采矿权才可以转让，并且要经过有关机构的批准。

根据《探矿权采矿权转让管理办法》，转让探矿权，应当具备下列条件。

① 自颁发勘查许可证之日起满 2 年，或者在勘查作业区内发现可供进一步勘查或者开采的矿产资源。

② 完成规定的最低勘查投入。

③ 探矿权属无争议。

④ 按照国家有关规定已经缴纳探矿权使用费、探矿权价款。

⑤ 国务院地质矿产主管部门规定的其他条件。

转让采矿权，应当具备下列条件。

① 矿山企业投入采矿生产满 1 年。

② 采矿权属无争议。

③ 按照国家有关规定已经缴纳采矿权使用费、采矿权价款、矿产资源补偿费和资源税。

④ 国务院地质矿产主管部门规定的其他条件。

国有矿山企业在申请转让采矿权前，应当征得矿山企业主管部门的同意。

国务院地质矿产主管部门和省、自治区、直辖市人民政府地质矿产主管部门是探矿权、采矿权转让的审批管理机关。

国家对矿产资源的勘查、开发实行统一规划、合理布局、综合勘查、合理开采和综合利用的方针。禁止将探矿权、采矿权倒卖牟利。

二、矿产资源的开采管理制度

开采矿产资源，必须采取合理的开采顺序、开采方法和选矿工艺，必须遵守国家劳动安全卫生规定，具备保障安全生产的必要条件，必须遵守有关环境保护的法律规定，防止污染环境。开采矿产资源，还应当节约用地。耕地、草原、林地因采矿受到破坏的，矿山企业应当因地制宜地采取复垦利用、植树种草或其他利用措施。

国家对集体矿山企业和个体采矿实行积极扶持、合理规划、正确引导、加强管理的方针，鼓励集体矿山企业开采国家指定范围内的矿产资源，允许个人采挖零星分散资源和只能用作普通建筑材料的砂、石、黏土以及为生活自用采挖少量矿产。

国家依法保护集体所有制矿山企业、私营矿山企业和个体采矿者的合法权益，依法对集体所有制矿山企业、私营矿山企业和个体采矿者进行监督管理。县级以上人民政府应当指导、帮助集体矿山企业和个体采矿进行技术改造，改善经营管理，加强安全生产。集体矿山企业和个体采矿应当提高技术水平，提高矿产资源回收率。禁止乱挖滥采，破坏矿产资源。

根据《矿产资源法实施细则》，集体所有制矿山企业和私营矿山企业可以开采下列矿产资源。

① 不适于国家建设大、中型矿山的矿床及矿点。

② 经国有矿山企业同意，并经其上级主管部门批准，在其矿区范

围内划出的边缘零星矿产。

③ 矿山闭坑后，经原矿山企业主管部门确认可以安全开采并不会引起严重环境后果的残留矿体。

④ 国家规划可以由集体所有制矿山企业开采的其他矿产资源。

个体采矿者可以采挖下列矿产资源。

① 零星分散的小矿体或者矿点。

② 只能用作普通建筑材料的砂、石、黏土。

第六节　水产资源的法律保护

水产资源，又称渔业资源，是指水域中可以作为渔业生产经营的对象以及具有科学研究价值的水生生物的总称。渔业资源是一种可再生的生物资源，一般具有很大的流动性、洄游性、隐蔽性和集群性。

渔业资源法是调整渔业经济活动中有关渔业生产、渔业资源的养殖、捕捞、保护与管理的社会关系的法律规范的总称。中华人民共和国成立以后，国家制定了大量渔业资源管理法规文件，主要有《关于渤海、黄海及东海机轮拖网渔业禁渔区的命令》《海洋捕捞渔船管理暂行办法》《渔政管理工作暂行条例》《渔业许可证若干问题的暂行规定》《停止进口和加强管理引进渔船的通知》《渔港监督管理规则》《渔业船舶船员考试规则》《渔船技术检验规定》《渔业水质标准》等。现行主要渔业资源保护法规是1986年颁布的《渔业法》及其实施细则。

我国是一个渔业生产大国，目前在渔业资源保护管理方面存在如下问题。酷渔滥捕、竭泽而渔造成渔业资源的衰退和枯竭；水域生态环境污染和破坏影响了渔业资源的生长条件；水域围垦与河湖水工程或设施对内陆水域鱼类资源造成严重影响等。因此，对渔业资源的保护管理应当从保护水生生物的增殖繁衍与生存环境的角度，以及加强对捕捞渔业资源的管理两方面出发来制定对策和措施。渔业资源的保护方法主要有，防治水污染和海洋环境污染，维护正常的水质和水量，以保护水生生物的生存环境；做好水土保持工作，防止水土流失所造成的水质浑浊；减少围海、围湖造田等减少水域面积、破坏水域环境的行为；合理规划、修建江河、湖泊以及海洋工程建筑，减少对渔业资源生存繁衍过程的妨害。

为了加强渔业资源的保护、增殖、开发和合理利用，发展人工养殖，保障渔业生产者的合法权益，促进渔业生产的发展，适应社会主义建设和人民生活的需要，我国于1986年制定了《渔业法》，并于2000年、2004年进行两次修正。在中华人民共和国的内水、滩涂、领海以及中华人民共和国管辖的一切其他海域从事养殖和捕捞水生动物、水生植物等渔业生产活动，都必须遵守该法。

一、渔业资源保护管理体制

国家对渔业生产实行以养殖为主，养殖、捕捞、加工并举，因地制宜，各有侧重的方针。各级人民政府应当把渔业生产纳入国民经济发展计划，采取措施，加强水域的统一规划和综合利用。国家对渔业资源的监督管理实行统一领导、分级管理的体制。

国务院渔业行政主管部门主管全国的渔业工作。县级以上地方人民政府渔业行政主管部门主管本行政区域内的渔业工作。县级以上人民政府渔业行政主管部门可以在重要渔业水域、渔港设渔政监督管理机构。县级以上人民政府渔业行政主管部门及其所属的渔政监督管理机构可以设渔政检查人员。渔政检查人员执行渔业行政主管部门及其所属的渔政监督管理机构交付的任务。

海洋渔业，除国务院划定由国务院渔业行政主管部门及其所属的渔政监督管理机构监督管理的海域和特定渔业资源渔场外，由毗邻海域的省、自治区、直辖市人民政府渔业行政主管部门监督管理。

江河、湖泊等水域的渔业，按照行政区划由有关县级以上人民政府渔业行政主管部门监督管理；跨行政区域的，由有关县级以上地方人民政府协商制定管理办法，或者由上一级人民政府渔业行政主管部门及其所属的渔政监督管理机构监督管理。

渔业行政主管部门和其所属的渔政监督管理机构及其工作人员不得参与和从事渔业生产经营活动。

二、关于渔业养殖和捕捞作业的规定

发展渔业养殖是解决渔业资源供需矛盾的重要途径之一。为了发展养殖业，《渔业法》第十条规定：“国家鼓励全民所有制单位、集体所有制单位和个人充分利用适于养殖的水面、滩涂，发展养殖业。”

为了规范渔业养殖，防止不合理的捕捞活动对渔业资源造成破坏，我国《渔业法》规定了下列管理措施。

（一）实行渔业养殖使用证制度

国家对水域利用进行统一规划，确定可以用于养殖业的水域和滩涂。单位和个人使用国家规划确定用于养殖业的全民所有的水域、滩涂的，使用者应当向县级以上地方人民政府渔业行政主管部门提出申请，由本级人民政府核发养殖证，许可其使用该水域、滩涂从事养殖生产。核发养殖证的具体办法由国务院规定。集体所有的或者全民所有由农业集体经济组织使用的水域、滩涂，可以由个人或者集体承包，从事养殖生产。县级以上地方人民政府在核发养殖证时，应当优先安排当地的渔业生产者。

（二）鼓励和扶持远洋捕捞

国家在财政、信贷和税收等方面采取措施，鼓励、扶持远洋捕捞业的发展，并根据渔业资源的可捕捞量，安排内水和近海捕捞力量。

从事外海、远洋捕捞业的，由经营者提出申请，经省、自治区、直辖市人民政府渔业行政主管部门审核后，报国务院渔业行政主管部门批准。从事外海生产的渔船，必须按照批准的海域和渔期作业，不得擅自进入近海捕捞。

（三）实行捕捞限额制度

国家根据捕捞量低于渔业资源增长量的原则，确定渔业资源的总可捕捞量，实行捕捞限额制度。国务院渔业行政主管部门负责组织渔业资源的调查和评估，为实行捕捞限额制度提供科学依据。中华人民共和国内海、领海、专属经济区和其他管辖海域的捕捞限额总量由国务院渔业行政主管部门确定，报国务院批准后逐级分解下达；国家确定的重要江河、湖泊的捕捞限额总量由有关省、自治区、直辖市人民政府确定或者协商确定，逐级分解下达。捕捞限额总量的分配应当体现公平、公正的原则，分配办法和分配结果必须向社会公开，并接受监督。国务院渔业行政主管部门和省、自治区、直辖市人民政府渔业行政主管部门应当加强对捕捞限额制度实施情况的监督检查，对超过上级下达的捕捞限额指标的，应当在其次年捕捞限额指标中予以核减。

（四）实行捕捞许可证制度

国家对捕捞业实行捕捞许可证制度。海洋大型拖网、围网作业以及中华人民共和国与有关国家缔结的协定确定的共同管理的渔区或者公海从事捕捞作业的捕捞许可证，由国务院渔业行政主管部门批准发放。其他作业的捕捞许可证，由县级以上地方人民政府渔业行政主管部门批准发放。但是，批准发放海洋作业的捕捞许可证不得超过国家下达的船网工具控制指标，具体办法由省、自治区、直辖市人民政府规定。捕捞许可证不得买卖、出租和以其他形式转让，不得涂改、伪造、变造。

到他国管辖海域从事捕捞作业的，应当经国务院渔业行政主管部门批准，并遵守中华人民共和国缔结的或者参加的有关条约、协定和有关国家的法律。

从事捕捞作业的单位和个人，必须按照捕捞许可证关于作业类型、场所、时限、渔具数量和捕捞限额的规定进行作业，并遵守国家有关保护渔业资源的规定，大中型渔船应当填写渔捞日志。

重点保护的渔业资源品种及其可捕捞标准，禁渔区和禁渔期，禁止使用或者限制使用的渔具和捕捞方法，最小网目尺寸以及其他保护渔业资源的措施，由国务院渔业行政主管部门或者省、自治区、直辖市人民政府渔业行政主管部门规定。

根据《渔业法》规定，具备下列条件的，方可发放捕捞许可证。

① 有渔业船舶检验证书。

② 有渔业船舶登记证书。

③ 符合国务院渔业行政主管部门规定的其他条件。

县级以上地方人民政府渔业行政主管部门批准发放的捕捞许可

证，应当与上级人民政府渔业行政主管部门下达的捕捞限额指标相适应。

三、关于渔业资源的增殖和保护

（一）实行征收渔业资源增殖保护费制度

县级以上人民政府渔业行政主管部门应当对其管理的渔业水域统一规划，采取措施，增殖渔业资源。县级以上人民政府渔业行政主管部门可以向受益的单位和个人征收渔业资源增殖保护费，专门用于增殖和保护渔业资源。渔业资源增殖保护费的征收办法由国务院渔业行政主管部门会同财政部门制定，报国务院批准后施行。

（二）实行捕捞禁限和保护措施

为合理利用渔业资源，维持渔业再生产能力并获得最佳渔获量，《渔业法》规定了如下捕捞禁限和保护措施。

① 国家保护水产种质资源及其生存环境，并在具有较高经济价值和遗传育种价值的水产种质资源的主要生长繁育区域建立水产种质资源保护区。未经国务院渔业行政主管部门批准，任何单位或者个人不得在水产种质资源保护区内从事捕捞活动。

② 禁止某些严重破坏渔业资源的捕捞方法和渔具的使用。包括禁止使用炸鱼、毒鱼、电鱼等破坏渔业资源的方法进行捕捞；禁止制造、销售、使用禁用的渔具；禁止在禁渔区、禁渔期进行捕捞；禁止使用小于最小网目尺寸的网具进行捕捞；捕捞的渔获物中幼鱼不得超过规定的比例；在禁渔区或者禁渔期内禁止销售非法捕捞的渔获物。

③ 禁止捕捞有重要经济价值的水生动物苗种。因养殖或者其他特殊需要，捕捞有重要经济价值的苗种或者禁捕的怀卵亲体的，必须经国务院渔业行政主管部门或者省、自治区、直辖市人民政府渔业行政主管部门批准，在指定的区域和时间内，按照限额捕捞。在水生动物苗种重点产区引水用水时，应当采取措施，保护苗种。

④ 禁止围湖造田。沿海滩涂未经县级以上人民政府批准，不得围垦；重要的苗种基地和养殖场所不得围垦。

⑤ 在鱼、虾、蟹洄游通道建闸、筑坝，对渔业资源有严重影响

的，建设单位应当建造过鱼设施或者采取其他补救措施。用于渔业并兼有调蓄、灌溉等功能的水体，有关主管部门应当确定渔业生产所需的最低水位线。

⑥ 进行水下爆破、勘探、施工作业，对渔业资源有严重影响的，作业单位应当事先同有关县级以上人民政府渔业行政主管部门协商，采取措施，防止或者减少对渔业资源的损害；造成渔业资源损失的，由有关县级以上人民政府责令赔偿。

⑦ 各级人民政府应当采取措施，保护和改善渔业水域的生态环境，防治污染。

主要参考文献

顾相伟，2019. 农村政策与法规新编教程［M］. 上海：复旦大学出版社.

任大鹏，2022. 农村政策法规［M］. 北京：国家开放大学出版社.

孙进杰，吴伟民，董忠义，2023. 农业农村政策与法规［M］. 北京：中国农业科学技术出版社.

孙铁玉，2019. 农村政策法规［M］. 北京：国家开放大学出版社.

陶云平，李居平，王越兴，2022. 农业政策与农村法律法规［M］. 北京：中国农业科学技术出版社.

王爱敏，吴东振，屠倩倩，刘衍仕，李鹏发，2023. 乡村振兴之农业政策与农村法律法规［M］. 北京：中国农业科学技术出版社.

王娟，李惠军，2016. 法律基础与农村政策法规［M］. 郑州：中原农民出版社.

王泽厚，赵伟强，2020. 农村政策法规［M］. 济南：山东人民出版社.

赵冰，2017. 农村政策法规［M］. 北京：中国农业科学技术出版社.